白皮病死亡的黄鳝

成熟的黄鳝

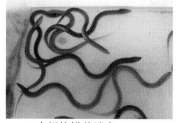

大规格鳝种消毒

健壮的黄鳝

亲鳝

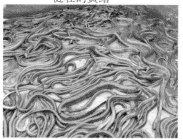

水泥池里养殖的黄鳝

给亲鳝注射催情剂

检查成熟度

孵化环道

做好准备养鳝池

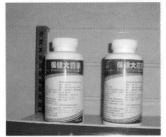

大蒜素等是治疗疾病
的常用药物

光合细菌

高聚碘等是治疗黄鳝
疾病的重要药物

用生石灰对池塘消毒

泼洒生物制剂来预防疾病

改良水质的专用水质改良剂

鳝笼

这样的青苔对幼鳝是致命的

室内孵化

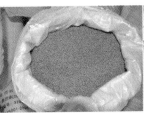

颗粒饲料

慈姑田养殖黄鳝　　　　　稻田养鳝

网箱养鳝

藕和黄鳝混养

鳝笼在捕捞

黄鳝爱吃的黄粉虫

池塘底质暴晒

定期检测水质

这样的水质最适宜养鳝

水草制做的鱼巢

科学管水需要独立的进排水系统

加强检查

黄鳝爱吃的枝角类

水产生态养殖丛书

黄鳝

HUANGSHAN
BIAOZHUNHUA
SHENGTAI YANGZHI JISHU

标准化生态养殖技术

占家智　羊　茜　编著

化学工业出版社

·北京·

养殖黄鳝经济效益高，市场供不应求。为更好地帮助农民朋友致富，笔者在常年指导生产过程中积累的一些经验、教训以及其他养殖户好的养殖经验基础上，总结、提炼、升华，编写了本书。本书重点介绍黄鳝的标准化养殖和生态养殖技术及与之相配套的苗种供应、饵料供应、日常养殖关键点、捕捞储运、病虫害防治等技术，养殖方案实用有效，可操作性强。本书适合全国各地黄鳝养殖区的养殖户参考，对水产技术人员也有一定的参考价值，希望本书能成为广大农民朋友致富的得力助手。

图书在版编目（CIP）数据

黄鳝标准化生态养殖技术/占家智，羊茜编著 . —北京：化学工业出版社，2015.1
（水产生态养殖丛书）
ISBN 978-7-122-22152-0

Ⅰ. ①黄… Ⅱ. ①占…②羊… Ⅲ. ①黄鳝属-淡水养殖-生态养殖 Ⅳ. ①S966.4

中国版本图书馆 CIP 数据核字（2014）第 248409 号

责任编辑：李　丽　　　　　　　　　文字编辑：焦欣渝
责任校对：王素芹　　　　　　　　　装帧设计：孙远博

出版发行：化学工业出版社（北京市东城区青年湖南街 13 号　邮政编码 100011）
印　　装：化学工业出版社印刷厂
850mm×1168mm　1/32　印张 8　彩插 2　字数 161 千字
2015 年 3 月北京第 1 版第 1 次印刷

购书咨询：010-64518888(传真：010-64519686)　　售后服务：010-64518899
网　　址：http://www.cip.com.cn
凡购买本书，如有缺损质量问题，本社销售中心负责调换。

定　　价：29.00 元　　　　　　　　　　　　　版权所有　违者必究

前言 PREFACE

"六月黄鳝赛人参"，黄鳝以它特有的风味和保健功能成为人们竞相食用的佳品，也是我国传统的名优水产品，更是我国在国际市场上出口创汇的主要淡水鱼品种之一。发展黄鳝的养殖是服务三农的必然选择，是调整农村产业结构、增强农民增收增效能力、拓展农村致富途径的需要，它的高效养殖技术更是发展经济、富裕群众、增强出口创汇能力的技术保证。

为了帮助广大农民朋友掌握最新的黄鳝养殖技术，通过养殖来达到勤劳致富的目标，我们将在生产过程中的一些经验、教训以及其他养殖户比较好的养殖经验进行了总结、提炼、升华，编写了本书。本书的内容重点是介绍黄鳝的标准化养殖和生态养殖技术及与之相配套的苗种供应、饵料供应等技术，希望能给广大农民朋友带来帮助。

本书的养殖方案实用有效，可操作性强，适合全国各地黄鳝养殖区的养殖户参考，对水产技术人员也有一定的参考价值。

由于时间紧迫，技术水平有限，书中难免会有些不当之处，恳请读者朋友指正。

占家智
2015 年 1 月

目 录 CONTENTS

第三章　黄鳝的生态套养与混养

第四章　黄鳝的生态养殖技术

第五章　稻田生态养殖黄鳝

第六章　网箱标准化养殖黄鳝

参 考 文 献

第一章　概　　述

一、黄鳝的分类与分布

黄鳝（*Monopterus albus* Zuiew）又名鳝鱼、长鱼、无鳞公子等，属合鳃目、合鳃科、黄鳝属。黄鳝为亚热带鱼类，广泛分布于亚洲东部及南部的中国、朝鲜、日本、泰国、印度尼西亚、马来西亚、菲律宾等国。黄鳝肉厚刺少，肉质细嫩、营养丰富、肌间刺少、味道鲜美，别具风味，含肉率高达 65％以上，深受广大食客的青睐，与泥鳅、鳗鲡合称为"淡水三参"。它不仅能做成多种美味佳肴，而且具有一定的药用价值。人工养殖黄鳝具有方法简便、占地面积小、饲料来源广、生产周期短、见效快、经济效益高等特点，是农村"短、平、快"致富的技术之一。

二、形态特征

黄鳝体细长，近似圆筒形，前部浑圆，后部稍侧扁，尾短而尖，和我们平时见到的蛇很相似。一般体长 25～40 厘米，最大体长可达 70 厘米，体重可达 1.5 千克。头部膨大，吻部变尖，小眼睛，隐藏在皮肤之下，不注意时发现不了鳝鱼的眼睛。许多农民以为黄鳝是瞎子，没有眼睛，这种说法是不正确的。黄鳝的体表光滑没有鳞片，有丰富的黏液，在抓捕黄鳝时感觉其非常滑溜，就是这些黏液的作用。黄鳝身体的表面有一些黑色的小斑点，背面为黄褐色或青褐色，腹面呈灰白色或橙黄色。

黄鳝虽然是鱼类，但是它的背鳍和臀鳍已经退化，没有胸鳍和腹鳍，体内没有鱼鳔，在水中能做短距离游泳，在岸上也仅扭动前进，与鱼类的快速且长时间的游泳有一定区别，因此在养殖中也形成了它特有的养殖方式。

黄鳝的身体由骨骼系统、肌肉系统、呼吸系统、消化系统、循环系统、排泄系统、生殖系统、神经系统、感觉器官和内分泌系统等组成。

三、黄鳝的生活习性

黄鳝为底栖性鱼类，适应能力较强，对水体水质等要求不严。多栖息于河流、池塘、湖泊、水田、沟渠等静止水体的埂边或浅底泥穴之中。它除了具有一般鱼类的生活习性外，还具有以下生活习性，直接影响人工养殖技术的设计和使用：

1. 黄鳝的生活史

黄鳝的一生是从雌雄亲鳝排卵受精、精卵结合而成为有活性的受精卵开始算起，经历胚胎发育期、鳝苗期（又叫稚苗期）、鳝种期（又叫幼鳝期）、成鳝期和亲鳝期等多个时期。

2. 洞穴生活

黄鳝常利用天然缝隙、石砾间隙和漂浮在水面的水草丛作为栖息场所。它们喜欢在水体的泥质底层或埂边钻洞穴居。洞是由黄鳝用头钻成的。洞道弯曲，多分叉，每个洞穴至少有两个洞口，分别叫前洞和后洞，有的黄鳝洞穴更复杂，还有岔洞，一般相距60～90厘米。一个洞口在水中，供外出觅食或作临时的退路；另一个洞口通常离水面 10～30 厘米，便于呼吸。在水位变化大的水体中，有时甚至有 4～5 个洞口。洞口通常开口于隐蔽处，洞口下缘 2/3 没于水中。在水田中央的洞，离地面深约 3～4 厘米，并呈横向发展。前洞产卵处比较宽，后洞较窄，洞长约为黄鳝体长的 3～5 倍。

3. 昼伏夜出的习性

由于黄鳝长期穴居的生活习性，因此它的视觉不发达，导致视神经功能减弱而怕光喜暗。因此，白天它基本上是潜伏在水底、洞穴、草丛、树洞中、砖石下、岩缝中等，到了晚上才会出来活动、觅食。但要注意的一点就是，黄鳝虽然有昼伏夜出的习性，但是它也不能长期处于绝对的黑暗环境中。

4. 特殊的性逆转

黄鳝的繁殖有其独特的习性，也就是它的生殖腺具有其特殊性。同一尾黄鳝的性腺，都是经过了先雌后雄的阶段，这在自然界中是非常少见的，这就是黄鳝特有的性逆转现象。也就是说，同一尾黄鳝在早期阶段是雌性阶段，后期为雄性阶段，而在前后期之间则为雌雄间体阶段。

黄鳝生殖腺右侧发达，左侧退化。繁殖期间，右侧卵巢几乎充满整个腹腔，透过腔壁，肉眼可以看见卵巢轮廓与卵粒大小及色泽。生殖腺左侧退化，仅为一根两端封闭的细管而已。生殖孔在肛门后方，只在生殖期才接通。

5. 黄鳝的生长

生长速度就是指黄鳝个体在它的生命过程中体长和体重的增长情况，黄鳝的生长速度受品种、年龄、营养、健康和生态条件等多种因素影响。黄鳝的生长速度在自然条件下和人工养殖条件下表现明显不同，具有显著的差异性。总的情况是，野生黄鳝在自然条件下的生长是非常缓慢的，而人工养殖的黄鳝生长速度要快得多。

根据相关专家的资料介绍，在自然条件下，黄鳝生长速度与环境中饵料丰歉相关。一般生活于池塘、沟渠的黄鳝生长速度快一些，丰满度高，而栖息于田间的黄鳝则生长速度较慢。5～6月份孵化出的小鳝苗，长到年底冬眠时，它的个体体重平均为5～10克；到第二年底个体体重平均为10～20克；到第三年底个体体重平均为50～100克；到第四年底个体体重平均为100～200克；到第五年底个体体重平均为200～300克；到第六年底个体体重平均为250～350克；六年以上的黄鳝生长更加缓慢，已经处于年老状态。

在人工养殖条件下，由于环境优越、饵料充足、管理到位，采用优良的品种并配以科学的饲喂方法，进行有效的驯养和投喂全价饵料的情况下，5～6月份孵化的鳝苗养到年底，单尾个体体重平均可达60克，能够达到市场收购的标准，完全实现当年养殖当年上市，若第二年继续养殖，则个体体重可达150～250克，第三年可达350克左右，400克以上生长缓慢。

6. 溶解氧对黄鳝的影响

黄鳝生活在水中，对水里的溶解氧还是比较敏感的，尤其是对水体的上下层间的温差反应更加敏感。另外，黄鳝自身也有耐低氧的能力，它的辅助呼吸器官很发达，当水底短时间内缺氧时，它常常会将头部用力伸出水面，利用肠呼吸，直接利用空气中的氧气，可以暂时缓解缺氧所带来的危害。因此，在养殖时我们会有"黄鳝很耐低氧，不会缺氧死亡"的误解，对氧气供应掉以轻心，这是不对的。虽然养殖水体内短时间的缺氧一般不会导致黄鳝泛塘，但是一旦缺氧时间过长，轻则影响它的生长，尤其是性腺发育会停滞，重则会导致黄鳝死亡。

7. 硫化氢对黄鳝的影响

硫化氢是有毒气体，在水质恶化时会大量产生，直接毒杀黄鳝，造成死亡。因此在人工养殖时，一定要在放养鳝种前对池塘进行清淤、曝晒处理，同时在养殖过程中要适时增加水体溶解氧，减少硫化氢产生的机会。

8. 氨对黄鳝的影响

水体中的氨主要是由于氧气不足时含氮有机物分解而产生，或者是由于氮化合物被反硝化细菌还原而产生。黄鳝对水体中的氨是比较敏感的，当水体中的氨达到一定浓度时，会中毒而死。

9. 水温对黄鳝的影响

黄鳝是变温动物，对水温的反应是非常敏感的，水温不但影响黄鳝的摄食，而且还直接影响它的生长发育，因此在养殖过程中，要加强对养殖环境中的温度调节与控制，具体的方法和要点在本书的相关章节会有讲述。

10. pH 对黄鳝的影响

黄鳝在 pH 在 6.5～7.2 之间生长良好，这是因为它喜欢栖息在松软多腐殖质的地方，中性略偏酸性的水体比较适宜。

11. 体滑善逃

黄鳝的身体滑润，逃逸能力非常强，春夏季节雨水较多，当池水涨满或池壁被水冲出缝隙或出现漏洞时，黄鳝会在一夜之间全部逃光，尤其是在水位上涨时会从黄鳝池的进、出水口逃走。黄鳝在逃跑时，头向上沿水浅处迅速流动或整个身体急速窜出，如果周围有砖墙或水泥块时，它会用尾巴向上紧紧钩住，然后快速跃起而逃走。黄鳝的逃跑习性往往是造成养殖失败的主要原因之一，因此，养殖黄鳝时一定要提高警惕，务必加强防逃管理。特别是下雨时，要加强巡池，检查进出水口防逃设施是否有堵塞现象，是否完好，进、出水口一定要有防逃设备。平时当水位达到一定高度时，要及时排水，防止池水溢出，造成黄鳝逃逸。另外，在换水时也要做好进出水口的防逃措施。

四、黄鳝标准化生态养殖的意义

通过对养殖池塘进行清淤、挖深、护坡以及水、电、路配套改造，将养殖小区建设成为标准化生态养殖基地，可增强水产养殖防灾减灾能力。通过改造池塘池体、分设进排水渠道、配备养殖机械设备和增加水处理设施等措施，并通过健康养殖技术的集成推广应用，改善渔业生产条件和生态环境，可减少养殖病害发生，减少养殖用药投入，提高水产品质量，提升水产品质量安全水平，增强水产品市场竞争力。

另外，黄鳝的标准化生态养殖就是将多种物种进行合理的配置组合，增加了养殖产品的多样性，拓宽了养殖生产的链条，有利于转移农村剩余劳动力，使劳动力资源得到充分发挥。通过将养殖业与种植业以及生产加工业紧密联系起来，将有利于农村商品经济的发展，有利于农民收入的增加。

五、黄鳝标准化生态养殖的特点

黄鳝的生态养殖就是把畜、牧、鳝的养殖生产发展与粮食、多种经济农作物以及第二、第三产业有机地结合起来，在传统的养殖基础上充分利用自然资源与现代先进的科学养鳝技术，通过合理的规划，达到生态良性循环与经济良性循环的目的，同时也实现了经济效益、生态效益和社会效益的完美统一。

黄鳝的标准化生态养殖具有多样性、层次性、高效性、持续性和综合性的特点。尤其是综合性的特点，更是充分利用了不同物种之间的互补性，利用这些动植物之间的相互合作关系，充分发挥"整体、协调、循环、再生"的优势，确保养鳝者能在有限的养殖生产空间内取得最大的经济效益和生态效益。例如在稻田中养殖黄鳝时，如果要防虫治病，首先要考虑虫害和病害是否需要用药，是否能通过这种生态关系将虫害和病害（尤其是虫害）控制在合理的范围之内；其次要考虑所选用的药物会不会对黄鳝的生长造成不利影响，例如对黄鳝的毒害作用等，因此在防治时要注意用药的品种、药剂的用量以及用药后的黄鳝管理等。另外，综合性还体现在养殖生产的安排上，鳝种、鱼种的放养要准确、及时且有序，要能充分利用时间、空间，利用各个物种间的生长时间及周期，全面安排好各个生产环节。

第二章 池塘标准化养殖黄鳝

黄鳝的适应性强，生活能力强，耐饥饿，而且生长速度快，在池塘中养殖黄鳝，一般一个月可增长 10 厘米，9个月体重可达 300 克，即达商品鳝规格。因此，人工池塘养殖黄鳝，占地少、用水省、效率高，尤其适应农村人工养殖，是一条致富之路。

第一节 养殖前的准备工作

黄鳝养殖属于特种水产品养殖的范畴，它的投入高、产出大，当然风险也是很大的，因此在养殖前一定要做好前期的准备工作，不打无把握之战。这些准备工作包括：一是做好心理准备；二是做好技术准备；三是做好养殖资金的准备；四是做好市场准备；五是做好养殖设施准备；六是做好养殖模式的准备。

一、了解我国黄鳝养殖的现状

近十年来，黄鳝养殖在我国各地迅速发展，究其原因有如下几点：一是黄鳝的价格和价值正被国内外市场接受，人们生产的优质黄鳝成品在市场上不愁没有销路；二是黄鳝高效养殖的技术能够得到推广，尤其是国家相关部门重视对黄鳝养殖技术的研究，许多地方将黄鳝养殖作为

"科技下乡""科技赶集""科技兴渔""农村实用技术培训"的主要内容，关键技术能够迅速被广大养殖户吸收；三是黄鳝高效养殖的方式是多样化的，既可以是集团式的规模化养殖也可以是一家一户的庭院式养殖，既可以在池塘或水泥池中饲养也可以在大水面或稻田中饲养，既可以无土饲养也可以有土饲养，既可以在网箱或池塘中精养也可以在沟渠、塘坝、沼泽地中粗养；四是只要苗种来源好，饲养技术得当，可以实现当年投资、当年受益的目的，有助于资金的快速回笼。

　　黄鳝养殖作为新兴技术，目前在发展中仍存在技术瓶颈，主要体现在：一是黄鳝的全人工繁殖技术难题还没有被完全攻克；二是苗种市场比较混乱，炒苗现象相当严重，伪劣鳝种坑农害农的现象仍时有发生，尤其是所谓的"特大鳝""泰国鳝"等就是用本地野生黄鳝冒充的，由于这些科技骗局的欺骗性和隐蔽性，常常让许多一心想发家致富的农民损失惨重，甚至血本无归；三是针对黄鳝养殖的专用药物还没有开发，目前沿用的仍然是一些兽药或其他常规鱼药，一些生产者的无公害意识不强，滥用药物防治鳝病的现象时有发生，导致出口的黄鳝被检出抗生素超标而屡次被进口国闭关、退货或销毁，使我国的黄鳝养殖发展遭到打击；四是黄鳝的深加工技术还跟不上，目前生产出来的黄鳝还仅仅是为了满足吃，它的潜在的深加工价值还没有得到充分体现；五是相关媒体对黄鳝的负面报道仍然影响着人们的消费，尤其是"避孕药黄鳝"的传言满天飞，给黄鳝养殖的进一步发展带来了不小的冲击，表现在局部地区的黄鳝在销售、消费方面受阻，售价下降，养殖户的利润空间受到挤压，人们养殖的积极性受挫。

二、做好心理准备工作

也就是在决定饲养前一定要做好心理准备，可以先问自己几个问题：决定养了吗？怎么养？采用哪种方式养殖？风险系数是多大？对养殖的前景和失败的可能性我有多大的心理承受能力？我决定投资多少？是业余养殖还是专业养殖？家里人是支持还是反对？……

三、做好技术准备工作

黄鳝养殖的方法很多，由于它们的放养密度大，对饵料和空间的要求也大，因此，如果黄鳝养殖时的喂养、防病治病等技术不过关，会导致养殖失败。所以，在实施养殖之前，要做好技术储备，要多看书，多看资料，多上网，多学习，多向行家和资深养殖户请教一些关键问题，把养殖中的关键技术都了解清楚了才能进行养殖。也可以先少量试养，待充分掌握技术之后，再大规模养殖。

随着黄鳝产业化市场的不断变化、养殖技术和养殖模式的不断发展、科学发展的不断进步，在养殖黄鳝时可能会遇到新的问题、新的挑战，这就需要不断地学习，不断地引进新的养殖知识和技术，而且能善于在现有技术基础上不断地改革和创新，再付诸实践，总结提升成为适合自己的养殖方法。

四、做好市场准备工作

市场准备工作尤其重要，因为每个从事黄鳝养殖的人都很关心：黄鳝的市场究竟怎么样？前景如何？也就是说，在养殖前就要知道养殖好的黄鳝该怎么处理，是采用与供种单位合作经营（也就是保底价回收）还是自己生产出来自己到菜市场上出售；是在国内销售还是出口；主要是为了供应黄鳝苗种还是为了供应成鳝。如果一时卖不了或者是对价钱不满意，那该怎么办？这些情况在养殖前也是必须要考虑到的，如果没有预案，万一有意想不到的情况发生，那么多的黄鳝怎么处理，这也是个严峻的问题。

针对以上的市场问题，养殖者一定要做到眼见为实，耳听为虚，根据自己看到的再来进行准确的判断，不要过分相信别人怎么说，也不要相信电视上怎么介绍，更不要相信那些诱人的小广告的诱惑。现在是市场经济时代，也是信息快速传播的时代，市场动态要靠自己去了解，去掌握，去分析，做到去伪存真，突破表面现象去看真实问题。

五、做好养殖设施准备工作

黄鳝养殖前就要做好设施准备，这些工作主要包括养殖场所的准备和饲料的准备。其他的准备工作还包括繁育池的准备、网具的准备、药品的准备、投饵机的准备和增氧设备的准备等。

养殖场所要选取适合黄鳝养殖的地方，尤其是水质一定要有保障，另外电路和通讯也要有保障。"兵马未动，粮草先行"，说明饲料对黄鳝养殖的重要性，在养殖前就要准备好充足的饲料。生产实践已经证明，如果准备的饲料质量好，数量足，养殖的产量就高，质量就好，当然效益也比较好；反之亦然。总之，要以最少的代价获得最大的报酬，这是一切养殖业的经营基础。

六、做好苗种准备工作

由于黄鳝养殖的利润丰厚，一些所谓的技术公司和专家就忽悠养殖户，用一些养殖效益不好的或者是野生的苗种来冒充优质的或是提纯的良种，结果导致养殖户损失惨重。最明显的例子就是这几年大做广告的"特大黄鳝""黄金鳝""泰国大黄鳝"等。因此，在养殖前一定要做好苗种准备。建议初养的养殖户可以采取步步为营的方式，用自培自育的苗种来养殖，慢慢扩大养殖面积，可以有效地减少损失。

七、养殖资金的准备

黄鳝是一种名优水产品，养殖成本是比较高的，风险也是比较大的，当然也需要足够的资金作为后盾。因为黄鳝的苗种需要钱，饲料需要钱，一些基础养殖设备需要钱，人员工资需要钱，池塘需要租金，池塘改造和清除敌害等都需要钱，因此在养殖前必须做好资金的筹措准备。建议养殖户在决定养殖前，先去市场多调研，再上网多查找，向周围的人或老师多询问，最后再决定自己投资金多少。如果实在不好确定，也可以自己先尝试着少养一点，主要是熟悉黄鳝的生活习性和养殖技术，等到养殖技术熟练、市场明确时，再扩大生产也不迟。

第二节　科学选址

良好的池塘条件是获得高产、优质、高效的关键之一。池塘是黄鳝的生活场所，是它们栖息、生长、繁殖的环境，许多增产措施都是通过池塘水环境作用于黄鳝，故池塘环境条件的优劣，与黄鳝的生存、生长和发育有着紧密的关系。良好的环境不仅直接关系到能否获得高的黄鳝产量，使生产者获得较高的经济效益，而且对长久的发展有着深远的影响。

总的来说，黄鳝养殖场在选择地址时，既不能受到污染，同时又不能污染环境，还要方便生产经营，保证交通便利且具备良好的疾病防治条件。因此可以这样说，黄鳝养殖要想取得好的成效，池塘建设是基础，尤其是黄鳝养殖场在选址时就要严格把关。

养殖场在场址的选择上重点要考虑池塘位置、面积、地势、土质、水源、水深、防疫、交通、电源、池塘形状、周围环境、排污与环保等诸多方面，需周密计划，事先勘察，才能选好场址。在可能的条件下，应采取措施，改造池塘，创造适宜的环境条件，以提高池塘黄鳝产量。

一、规划要求

新建、改建的黄鳝养殖场必须符合当地的规划发展要求，养殖场的规模和形式要符合当地社会、经济、环境等发展的需要，而且要求生态环境良好。

二、自然条件

养殖黄鳝的一个特点是标准化高密度，高密度容易引发传染病。饲养环境必须保证黄鳝能健康生长，而又不能影响周围的环境。因此，在选择场址时必须注意周围的环境条件，一般应考虑距居民点 1 公里以上，附近无大型污染的化工厂、重工业厂矿或排放有毒气体的染化厂，尤其上风向更不能有这些工厂。

在规划设计养殖场时，要充分勘查，了解规划建设区的地形、水利等条件，有条件的地区可以充分考虑利用地势自流进排水，以节约动力提水所增加的电力成本。规划建设养殖场时还应考虑洪涝、台风等灾害因素的影响，在设计养殖场进排水渠道、池塘塘埂、房屋等建筑物时应注意考虑排涝、防风等问题。

北方地区在规划建设水产养殖场时，需要考虑寒冷、冰雪等对养殖设施的破坏，建设渠道、护坡、路基等应考虑防寒措施。南方地区在规划建设养殖场时，要考虑夏季高温气候对养殖设施的影响。

另外，鳝池周围最好不要有高大的树木和其他的建筑物，以免遮光、挡风和妨碍操作。

三、水文气象条件

必须详细调查了解建立黄鳝养殖场地区的水文气象资料，作为养殖场建设与设计的参考。这些资料包括平均气温、光照条件、夏季最高温、冬季最低温及持续天数等，结合当地的自然条件决定养殖场的建设规模、建设标准，然后再针对黄鳝的生长特性对建场地址作出合理选择。

四、水源、水质条件

规划养殖场前先勘探，水源是黄鳝养殖选择场址的先决条件。在选择水源的时候，首先供水量一定要充足，不能缺水；其次是水源不能有污染，水质要符合饮用水标准。在选择养殖场地时，一定要先观察养殖场周边的环境，不要建在化工厂附近，也不要建在有工业污水注入的地区附近。

　　水源分为地面水源和地下水源，无论是采用哪种水源，一般应选择在水量丰足、水质良好的地区建场。水产养殖场的规模和养殖品种要结合水源情况来决定。采用河水或水库水等地表水作为养殖水源，要考虑设置防止野生鱼类进入的设施，以及周边水环境污染可能带来的影响，还要考虑水的质量，一般要经严格消毒以后才能使用。如果没有自来水水源，则应考虑打深井取地下水等作为水源，因为在 8～10 米的深处，细菌和有机物相对减少，要考虑供水量是否满足养殖需求，一般要求在 10 天左右能够把池塘注满。

　　选择养殖水源时，还应考虑工程施工等方面的问题，利用河流作为水源时需要考虑是否筑坝拦水，利用山溪水流时要考虑是否建造沉砂排淤等设施。水产养殖场的取水口应建到上游部位，排水口建在下游部位，防止养殖场排放水流入进水口。

　　水质对于养殖生产影响很大，养殖用水的水质必须符合《渔业水质标准》（GB 11607—1989）规定。对于部分指标或阶段性指标不符合规定的养殖水源，应考虑建设水源处理设施，并计算相应设施设备的建设和运行成本。

五、土壤、土质

　　一般黄鳝养殖池多半是挖土建筑而成的，土壤与水直接接触，故对水质的影响很大。在选择、规划建设养殖场时，要充分调查了解当地的地质、土壤、土质状况，要求：一是场地土壤以往未被传染病或寄生虫病原体污染过；二是具有较好的保水、保肥、保温能力，还要有利于浮游生物的培育和增殖。土壤和土质对养殖场的建设成本和养殖效果影响很大。

根据生产的经验，饲养黄鳝池塘的土质以壤土最好，黏土次之，沙土最劣。沙质土或含腐殖质较多的土壤，保水力差，做池埂时容易渗漏、崩塌，不宜建塘。含铁质过多的赤褐色土壤，浸水后会不断释放出赤色浸出物，这是土壤释放出的铁和铝，而铁和铝会将磷酸和其他藻类必需的营养盐结合起来，使藻类无法利用，也使施肥无效，水肥不起来，对黄鳝生长不利，也不适宜建设池塘。如果表土性状良好，而底土呈酸性，在挖土时，则尽量不要触动底土。底质 pH 值也是需考虑的一个重要因素，pH 值低于 5 或高于 9.5 的土壤地区不适宜挖塘。

六、交通运输条件

交通便利主要是考虑运输的方便，如：饲料的运输，场舍设备材料的运输，鳝种、鳝苗及成鳝的运输等。养殖场的位置如果太偏僻，交通不便，不仅不利于本场自己的运输，还会影响客户的来往。公路的质量要求陆基坚固、路面平坦，便于产品运输。

黄鳝养殖场的位置最好靠近饲料来源地区，尤其是天然动物性活饵料来源地一定要优先考虑。

七、供电条件

距电源近，节省输变电开支。供电稳定，少停电。可靠的电力不仅用于照明、饲料的加工；尤其是靠电力来为增氧机服务的养殖场，电力的保障是极为重要的条件。如果不具备以上基础条件，应考虑这些基础条件的建设成本，避免因基础条件不足影响到养殖场的生产发展。黄鳝养殖场应配备必要的备用发电设备和交通运输工具。尤其在电力基础条件不好的地区，养殖场还要配备满足应急需要的发电设备，以应付电力短缺时的生产生活之需。

第三节　养鳝池的标准化条件与处理

一、形状

养殖黄鳝的池塘形状主要取决于自然地形、池塘布置、阳光、风向、工程造价和饲养管理等，一般为长方形，也有圆形、正方形、多角形的池塘。长方形池塘的长宽比一般为（2～4）：1。池底平坦，略向排水口倾斜。长宽比大的池塘，水流状态较好，管理操作方便；长宽比小的池塘，池内水流状态较差，存在较大死角和死区，不利于养殖生产。

二、朝向

池塘的朝向应结合场地的地形、水文、风向等因素来考虑，尽量使池面充分接受阳光照射，满足水中天然饵料的生长需要。池塘朝向也要考虑是否有利于风力搅动水面，增加溶氧。在山区建造养殖场，应根据地形选择背山向阳的位置。

三、面积

鳝池的大小，与黄鳝产量的高低有非常密切的关系。

面积较大的池塘建设成本低，但不利于生产操作，进排水也不方便；面积较小的池塘建设成本高，便于操作，但水质容易恶化，不利于水质管理。黄鳝养殖池塘面积的大小依据养殖的规模和数量、养殖者的技术水平以及自然条件而定，可大可小，一般以 $1\sim3$ 亩（1 亩 = 666.67 米^2）为宜。如果是家庭副业养殖，则以 $4\sim5$ 米^2 或十几平方米均可。

四、深度

池塘水深是指池底至水面的垂直距离，池深是指池底至池堤顶的垂直距离。养鳝池塘有效水深应不低于 0.6 米，一般深度在 $0.8\sim1.5$ 米。池埂顶面一般要高出池水面 0.5 米左右。

水源季节性变化较大的地区，在设计建造池塘时应适当考虑加深池塘，维持水源缺水时池塘有足够的水量。

五、池埂

池埂是池塘的轮廓基础，池埂结构对于维持池塘的形状、方便生产以及提高养殖效果等有很大的影响。

池埂的宽度应根据生产情况和当地土质情况确定，一般无交通要求的池埂宽度不小于 4 米，有交通要求的池埂宽度不小于 6 米。以上池塘的标准均是土池无护坡情况下的数据，有护坡设施的精养池塘其边坡的边坡系数和池埂宽度可根据具体情况适当减小。

池埂的坡度大小取决于池塘土质、池深、是否有护坡和养殖方式等。一般池塘的坡比为 $1:(1.5\sim3)$；若池塘的土质是重壤土或黏土，可根据土质状况及护坡工艺适当调整坡比，池塘较浅时坡比可以为 $1:(1\sim1.5)$。

六、护坡

护坡具有保护池形结构和塘埂的作用，常用的护坡材料有水泥预制板、混凝土、防渗膜、混凝土等。

1. 水泥预制板护坡

水泥预制板护坡是一种常见的池塘护坡方式。护坡水泥预制板的厚度一般为5～15厘米，长度根据护坡断面的长度决定。较薄的预制板一般为实芯结构，5厘米以上的预制板一般采用楼板方式制作。水泥预制板护坡需要在池底下部30厘米左右建一条混凝土圈梁，以固定水泥预制板，顶部要用混凝土砌一条宽40厘米左右的护坡压顶。

水泥预制板护坡的优点是施工简单，整齐美观，经久耐用，缺点是破坏了池塘的自净能力。一些地方采取水泥预制板植入式护坡，即水泥预制板护坡建好后把池塘底部的土翻盖在水泥预制板下部，这种护坡方式既有利于池塘固形，又有利于维持池塘的自净。

2. 混凝土护坡

混凝土护坡是用混凝土现浇护坡的方式，具有施工质量高、防裂性能好的特点。采用混凝土护坡时，需要对塘埂坡面基础进行整平、夯实处理。混凝土现浇护坡一般用素混凝土，也有用钢筋混凝土形式。混凝土护坡的坡面厚度一般为5～8厘米。无论用哪种混凝土方式护坡，都需要在一定距离设置伸缩缝，以防止水泥膨胀。

3. 地膜护坡

一般采用高密度聚乙烯塑胶地膜或复合土工膜护坡。聚乙烯塑胶地膜具抗拉伸、抗冲击、抗撕裂、强度高和耐静水压高的特点，在耐酸碱腐蚀、抗微生物侵蚀及防渗滤方面也有较好性能，且表面光滑，有利于消毒、清淤，防止底部病原体的传播。高密度聚乙烯膜护坡既可覆盖整个池底，也可以周边护坡。

　　复合土工膜进行护坡具有施工简单，质量可靠，节省投资的优点。复合土工膜属非孔隙介质，具有良好的防渗性能和抗拉、抗撕裂、抗顶破、抗穿刺等力学性能，还具有一定的变形量，对坡面的凹凸具有一定的适应能力，应变力较强，与土体接触面上的孔隙压力及浮托力易于消散，能满足护坡结构的力学设计要求。复合土工膜还具有很好的耐化学腐蚀和抗老化性能，可满足护坡耐久性要求。

　　4. 片石护坡

　　浆砌片石护坡具有护坡坚固、耐用的优点，但施工复杂，砌筑用的片石石质要求坚硬，片石用作镶面石和角隅石时还需要加工处理。

　　浆砌片石护坡一般用坐浆法砌筑，要求测量放线准确，砌筑曲面做到曲面圆滑，不能砌成折线面相连。片石间要用水泥勾缝成凹缝状，勾出的缝面要平整光滑、密实，施工中要保证缝条的宽度一致，严格控制勾缝时间，不得在低温下进行，勾缝后加强养护，防止局部脱落。

七、遮阳准备

　　可在池塘上方搭设架子，沿池种上丝瓜、葡萄或玉米等高秆植物，形成一个具有遮阳、降温作用的绿色屏障，让黄鳝栖息。同时可在池内种植一些水生植物如水花生、水葫芦等，创造良好的生态环境，以适应黄鳝高密度标准化养殖的需要。

八、池塘改造

如果鳝池达不到养殖要求，或者是养殖时间较久，就应加以改造。改造池塘时应采取以下措施：浅池改深池；死水改活水；低埂改高埂；狭埂改宽埂。在池塘改造的同时，要同时做好进排水闸门的修复及相应进水滤网、排水防逃网的添置。另外，养殖小区的道路修整、池塘内增氧机线路的架设及增氧机的维护、自动饵料饲喂器的安装和调试等工作也要一并做好。

1. 改浅塘为深塘

把原来的浅水塘、淤集塘挖深、清淤，保证鳝池的深度和环境卫生。

2. 改漏水塘为保水塘

有些鳝池常年漏水不止，这主要是由于土质不良或堤基过于单薄。沙质过重的土壤不宜建塘堤。如建塘后发现有轻度漏水现象，应采取必要的塘底改土和加宽加固堤基措施，在条件许可的情况下，最好在塘周砌砖石或水泥护堤。

3. 改死水塘为活水塘

鳝池水流不通，不仅影响产量，而且对生产有很大的危险性，容易引起养殖的黄鳝和混养鱼类的浮头、浮塘和发病。因此对这样的池塘，必须尽一切可能改善排灌条件，如开挖水渠、铺设水管等，做到能排能灌，才能获得高产。

4. 改瘦塘为肥塘

鳝池在进行上述改造以后，就为提高生产力、夺取高产奠定了基础。有了相当大的水体，又能排灌自如，使水体充分交换，但如果没有足够的饲、肥料供给，塘水不能保持适当的肥度，同样不能收到应有的经济效果。因此，我们应通过多种途径，解决饲、肥料来源，使塘水转肥。

第四节　池塘的选择与修建

一、池塘养殖黄鳝的模式

利用池塘养殖黄鳝，一般有两种模式：一种是池塘专门养殖黄鳝，这种养殖方式的技术要求高，黄鳝的放养量大，饵料投入高，但是成鳝的产量高，养殖效益也非常高；另一种养殖模式是利用池塘套养黄鳝，就是在池塘中养殖其他的经济鱼类，然后根据情况再在池塘中套养或混养黄鳝。这种养殖模式的投入低，不需要专门给黄鳝投喂饵料，但是黄鳝的亩产量也低，收益也不如第一种养殖模式。

二、池塘的选址

黄鳝对环境适应力强，一些不宜养殖其他鱼类的废弃水体及不宜种植农作物的水坑、水塘均可用于建黄鳝池。养殖黄鳝的池塘一般选择在避风向阳、水源充足、水质无污染、进排水方便、较为安静和交通便利的地方建设，例如空地、田块、旧水沟等，也可选择原来养鱼的池塘进行改造，用来养殖黄鳝。对于一些小面积家庭饲养的池塘，则可利用房前屋后空地，采光较好的废旧房屋、旧粪坑、低洼地和废蓄水池等改建或在楼房屋顶上建池养殖。

由于土池没有牢固的防渗漏设施，因此，建土池必须要选择地下水位较高、土池内能够容装较多的水且夏季暴雨来临时雨水能够排得开的地方。土质较黏,夏季雨水冲刷池壁不易垮塌,池底要求有一定的硬度。

三、池塘的修建与处理

1. 池塘建设

为了便于换水,最好在有水源保障的地方建池。黄鳝养殖池塘的形状长方形、正方形均可,以东西走向的长方形为佳。土池的池埂要用硬土建造,池埂底部宽 0.5 米,上面宽 0.3 米。池底要夯实不渗漏,若土池的四壁较为牢固且蓄水保水能力较强,建池时则可不必砌砖石;反之,若在软土质处建池,则可在四壁靠埂建砌厚度为 6 厘米或 12 厘米的砖墙或用石板砌边,并用砖石铺底,池内壁涂抹水泥勾缝并抹平,要求池底和四周不漏水和不易跑鳝。砖墙或石板要竖立在池底的硬基上,墙高出埂面 20～30 厘米。

2. 底部条件

黄鳝喜穴居,所以养殖黄鳝的池塘要求垫上经过曝晒的松硬适度、富含有机质的泥土 30 厘米。每年早春可取河泥和青草沤制成的泥土,并在泥中掺和一些蒿秆和畜粪,以增加有机质,放入池塘,便于黄鳝打洞潜伏。在池中心或四角上投以石块、断砖等物,人工造成穴居的环境条件,以利黄鳝保暖或乘凉,适应黄鳝的穴居习性。

四、水草的种植

为利于黄鳝的生长,可人工仿造自然环境供黄鳝栖息,池面 1/3 的水面可适度种植水葫芦、水花生、慈姑、茭白、蒿草等水生植物。这种生态养鳝池无需经常换水，可使水质处于良好状态，同时慈姑等既可吸收水中营养物质，防止水质过肥，草叶在炎热的夏季还可为黄鳝遮阳、隐蔽，改善鳝池环境。注意不要使池塘的水体形成死角，影响换水效果。

由于土池的四壁不一定能达到笔直，且池壁顶端没有有效防止黄鳝外逃的设施，因而我们一般仅将水草铺设在池的中央，而不在池边铺草，以吸引黄鳝集居于池的中央而不易到池边来，从而可很好地预防黄鳝外逃。固定水草的方法是用竹竿做一个或几个长方形的框，然后在竹框中投入大量水草并用打桩方式将竹框固定于池中。

池塘养鳝使用的水草目前利用较多的是水葫芦。这是一种多年生宿根浮水草本植物，高约 0.3 米，在深绿色的叶下，有一个直立的椭圆形中空的葫芦状茎，因其在根与叶之间有一像葫芦状的大气泡，故又称水葫芦。水葫芦茎叶悬垂于水上，蘗枝匍匐于水面。花为多棱喇叭状，花色艳丽美观。叶色翠绿偏深，叶全缘，光滑有质感。须根发达，分蘗繁殖快，管理粗放，是美化环境、净化水质的良好植物。喜欢在向阳、平静的水面或潮湿肥沃的边坡生长，在日照时间长、温度高的条件下生长较快，受冰冻后叶茎枯黄。每年 4 月底 5 月初在历年的老根上发芽，至年底霜冻后休眠。水葫芦喜温，在 $0 \sim 40℃$ 的范围内均能生长，13℃以上开始繁殖，20℃以上生长加快，$25 \sim 32℃$ 生长最快，35℃以上生长减慢，43℃以上则逐渐死亡。

由于水葫芦对其生活的水面采取了野蛮的封锁策略，挡住阳光，导致水下植物得不到足够光照而死亡，破坏水下动物的食物链，导致水生动物死亡。此外，水葫芦还有富集重金属的能力，死后腐烂体沉入水底形成重金属高含量层，直接杀伤底栖生物，因此，有专家将它列为有害生物。所以我们在养殖黄鳝时，可以利用，但一定要掌握度，不可过量。

水葫芦通常采用分株繁殖，于春、夏季取母株将基部萌生的匍匐枝顶端长出的新株切开即可，在生长期间，在流动的水面上要用竹竿围栏固定，以防植株漂散于其他水面。水葫芦的适应性极强，养护要求也十分粗放，不必采用其他养护措施，可全池泼洒腐熟的人粪尿或适当洒些尿素肥，促使其快速生长，以满足养鳝的需求。

五、饵料台的搭建

1. 饵料台搭建的必要性

使用池塘养殖黄鳝，投入的饲料有时不能一下子被吃完，它们会慢慢地沉入池底沉积；另外，黄鳝在取食过程中也常常会把大量的饲料带入泥土中，从而造成极大的浪费。因此，养殖户有必要设立专门的饵料台，一方面可节约饵料，提高饵料利用率，减少甚至避免饵料的浪费，并及时清除未吃完的饲料；同时也有利于让黄鳝养成定点取食的习惯，缓解抢食情况；更重要的是可以通过对饵料台的监测，及时了解黄鳝的摄食情况和疾病发生情况，提高养殖的经济效益。

2. 饵料台的搭建

黄鳝饵料台的搭建，可以采用三种方式：第一种是利用土质较硬、无污泥、水深 0.5 米的池底整修而成；第二种是用木盘、竹席、芦席制成一个方形的饵料台，设置在水面下 30～50 厘米处，在那些水浅或水位稳定的水域用竹、木框制成，而在水较深或水位不稳定的水域用三角形浮架锚固定；第三种是就地取材，直接将食料投放到水草上，若水草过于丰茂，投下的料不能接近水面，则可将欲投料点的水草剪去上部或在投料前用木棒等工具将水草往下压，使投入的饲料能够入水或接近水面即可。春季搭的饵料台应靠水面（浅些），夏秋季饵料台应深些。一般一个养鳝池可设立多个饵料台。

饵料台设置位置应避风向阳，安静，靠近岸边，以便观察黄鳝吃食情况。场处应设浮标，以便指示其确切位置，避免将饲料投到外边。

六、养殖池的供排水系统

水产养殖离不开水，因此池塘的供排水系统是其中非常重要的基础设施之一。黄鳝养殖池的进排水系统是养殖场的重要组成部分，进排水系统规划建设的好坏直接影响到养殖场的生产效果。

在小规模养殖黄鳝时，使用水泵将养殖用水直接抽到池塘内就可以了，排水时也只要用水泵将水抽出池塘就可以了，不必另外修建供排水系统。

对于规模化连片养殖的池塘，必须有相当完善的供排水系统，应有独立的进水管道、排水管道及排水沟，按照高灌低排的格局，建好进排水渠，做到灌得进、排得出，定期对进、排水总渠进行整修消毒，以免暴雨时因雨水不能及时排出而造成全场淹没，黄鳝大量逃逸而造成巨大的经济损失。进水沟和排水沟的深度及宽度应根据场地的大小确定，场地大，沟的宽度及深度应计划修建得大一些，而且越是靠近下端的排水沟更应修建得宽一些、深一些；

场地小，排水沟可窄小一些，但最好不要窄于 25 厘米，以便于水沟淤泥的清理。另外要注意的是，进水沟和排水沟不能放在同一侧，进水沟处于水源的上游，进入到各养殖池塘的水流都是独立的；排水沟应在水源的下游。池塘的排水系统可以加以改造，将排水孔和溢水孔"合二为一"，能自由控制水深的排溢水管。该水管的制作及安装方法为：截取一节长度比池壁厚度多 5～10 厘米、直径为 5 厘米的 PVC 塑料管，在其两端均安上一个同规格的弯头；将其安装在养殖池的排水孔处，使其一个弯头在池内，一个弯头在池外，使弯头口与池底相平或略低。这样，如果想将池水的深度控制在 30 厘米，则只需在池外的弯头上插上一节长度约为 30 厘米的水管即可；当池水深度超过 30 厘米时，池水就能从水管自动溢出；而要排干池水时，只需将插入的水管拔掉即可。如果养殖池较大，可以多设一个排水管。

七、池塘的防逃设施

黄鳝善于逃跑，尤其是在阴雨天气更甚，因此防逃设施一定要做好。在池塘养殖时可以做两道防逃设施：一道是从池塘处防逃；另一道是从池塘外防逃。

第一道防逃设施是至关重要的，可以从四个方面入手：一是检查池埂，看看有没有破损的地方和有没有漏洞，结合池塘清整，夯实池埂；二是沿池埂四周贴一层硬质塑料薄膜，薄膜埋入池埂泥土中约 20 厘米，每隔 100 厘米处用一木桩固定；三是池塘的进排水口应用双层密网防逃，同时也能有效地防止蛙卵、野杂鱼卵及幼体进入池塘危害黄鳝，由于网眼细密，水中的微生物容易滋生而堵塞网眼，因此需经常检查并清洗网布；四是为了防止夏天雨季冲毁堤埂，可以开设一个溢水口，溢水口也用双层密网过滤，防止黄鳝趁机顶水逃走；五是在池子里铺设一层无结节网，网口高出池口 30～40 厘米，并向内倾斜，用木桩固定，以防逃逸。

第二道防逃设施是一种补救措施，为防止黄鳝偷逃出池而造成损失，在排水沟的末端再增设两道拦网。一般选购网眼直径不大于 0.5 厘米的钢丝网，采用铁片或木条支撑，做成网板，安装固定于排水沟中。安装两道拦网的目的主要是第一道网万一被垃圾堵上后，仍有第二道拦网可以有效地防止其逃跑。同时可在排水沟里放几只鳝笼，如果鳝笼内经常有黄鳝，那就要注意检查第一道防逃设施了。

为便于换水放水，鳝池必须有进水口、排水口、溢水口，用来排污水、换水和防止大雨池水上涨时逃鳝。

第五节　黄鳝的放养

一、放养前的准备工作

1. 清除野杂鱼

当自然水温达到 10℃ 以上的时候，就要做好准备工作，黄鳝苗种放养前要清除池塘内经济价值低的、与黄鳝幼苗争食和危害黄鳝幼苗的鱼类。

2. 清整池塘

新开挖的池塘要平整塘底，清整塘埂，旧塘要在黄鳝起捕后及时清除淤泥、加固池埂和消毒，堵塞池埂漏洞，疏通进排水管，并对池底进行不少于 15 天的冰冻、日晒。这也可以在一定程度上有效杀灭池中的敌害生物，如鲶鱼、泥鳅、乌鳢、蛇、鼠等及一些致病菌。

3. 做好清塘工作

清塘方法可采用常规池塘养鳝的通用方法，也就是生石灰清塘和漂白粉清塘。生石灰清塘又可分为带水清塘和干法清塘。

（1）生石灰干法清塘　在鳝种放养前 20～30 天，排干池水，保留淤泥 5 厘米左右，每亩用生石灰 75 千克，待生石灰溶解后趁热全池泼洒，最好用耙再耙一下效果更好。再经 3～5 天晒塘后，灌入新水。

（2）生石灰带水清塘　幼鳝投放前 15 天，每亩水面水深 20 厘米时，用生石灰 150 千克溶于水中后，全池均匀泼洒（包括池坡）。用带水法清塘虽然工作量大一点，但它的效果很好，可以把石灰水直接灌进池埂边的鼠洞、蛇洞里，能彻底地杀死有害细菌及寄生虫，营造良好、稳定的池塘环境。生石灰清塘可杀灭各种杂鱼、蛙类及有害微生物，疏松土层，增加钙质，改善黄鳝栖息的生态环境，是其他清塘药物无法取代的。

（3）漂白粉清塘　在使用前先对漂白粉的有效含量进行测定，在有效范围内（含有效氯 30%），将漂白粉完全溶化后，全池均匀泼洒，用量为每亩 25 千克，漂白精用量减半。

4. 培肥水质

黄鳝入池前，可施少量经发酵腐熟的有机肥，以繁殖摇蚊幼虫、丝蚯蚓、水生昆虫等水生动物，或在池中投放螺蛳或泥鳅等，任其繁殖，为鲜鳝提供鲜活饵料。有条件的地方，可在池中架设黑光灯，引诱昆虫入池。在放鳝种前 3～4 天加注新水，将水深控制在 15～30 厘米。

5. 其他的准备工作

在开展养殖之前还有些前期工作必须要做好，比如联系一些鱼贩或者渔民，购买价格低廉的小野杂鱼作饵料；学习黄鳝的养殖技巧；向池内投放一些瓜络或稻草团，便于小鳝藏身等。

二、苗种投放

1. 品种的选择

黄鳝的品种很多，其中生命力最强的是青、黄两种，它们在颜色和花纹上有一定的区别，以苗种体表略带金黄且有花纹的为上乘。其生长速度快，增重倍数高，养殖经济效益好，青色次之。为了确保养殖产量高、效益好，在发展黄鳝养殖生产上要逐步做到选优去劣，培育和使用优良品种。

2. 投放时间

黄鳝的放养有冬放和春放两种，以春放为主。放养时间要早，以早春头批捕捉的或自繁的鳝苗种放养为佳。黄鳝经越冬后，体内营养仅能维持生命，开春后，需大量摄食，食量大且食性广，因此要尽量提早放苗，便于驯化、提早开食，延长生长期。开春较早的长江流域，黄鳝在 4 月份就出洞觅食，人工养鳝池在 4 月初至 4 月下旬就可以投放种苗；长江以北地区以 5 月上旬至 6 月中旬放养为宜。放养时水温要大于 12℃，也不宜一味地追求早。

3. 苗种的选购

苗种放养是黄鳝养殖生产中的重要一环。要搞好黄鳝的人工养殖，就应坚持多种渠道解决苗种的来源，采取科学的饲养方法，获取高的产量和较佳的经济效益。规模化养殖黄鳝时最好批量购买人工繁殖的苗种，或者自己繁育苗种，也可以捞取黄鳝受精卵进行人工孵化，培育黄鳝苗。此法优点是规格整齐，切忌大小混养，应大小均匀、体强无病、无伤，这样容易驯化吃食。如果是小面积养殖或者是庭院养殖，也可以从市场购买或在4～10月间到稻田或浅水的泥穴中徒手捕捉幼鳝（或笼捉），但徒手提时要戴纱手套，用中、食指夹住黄鳝的前半部，以免幼鳝受伤，如用铁钩捕捉的幼鳝会有内伤，不能养殖。要注意认真选购，要力求做到种质优良，体质健壮，无病无伤。坚决剔除电捕、药捕和钓捕的鳝苗；用钩捕受伤的，放养后成活率低，即使不死，生长也相当缓慢；那些手一抓就能抓住，挣扎无力，两端下垂，或者手感不光滑，身体有斑点的鳝苗都应剔除。还要注意的是，在市场上选购时，不能买用糖精等喂过的鳝苗。

4. 放养规格和密度

放养密度视具体情况而定，但一定要适量，应结合养殖条件、技术水平、鳝种规格等综合考虑决定。缺乏经验、管理水平低、水源条件差的养殖者，每平方米放0.5～1.5千克。若管理技术水平高，饲养条件好，饲料充足，每平方米可增至3千克左右。

另外，放养密度与所放养鳝苗规格也有很大关系，一般随规格的增大，密度相应减少，反之，则相应增大。鳝苗规格以每千克25～35尾为宜，这种规格的苗种整齐，生活力强，放养后成活率高，增重快，产量高。若鳝苗规格过小，会影响其摄食和增重，不能当年收获。如果只是囤养数月，利用季节差价赚取一定利润，则上述条件都可放宽，且密度也可增加，例如夏末秋初选购，冬春销售，则每平方米可放养 10～12 千克，另外宜搭配放养 20% 泥鳅。多个池塘养殖时，应尽量做到每个池塘的鳝苗规格整齐，大小要尽可能一致，不能太悬殊。不同规格的苗种最好能分池饲养，以免争食和互相残杀，影响生长和成活率。

5. 入池前的温度适应

经过长途运输的黄鳝苗种，到达目的地后，运输容器内的水温要比池塘的自然水温高很多，而黄鳝对急剧变化的水温的承受能力一般不超过 2℃。所以投放前要给予 1～2 小时的适应变化的时间，否则黄鳝易患感冒，养殖成活率降低。适应变温的方法：可将自然温度的清净池水通过细塑料管缓慢地加入运输黄鳝苗种的容器内，以使黄鳝苗种运输容器内的水温和放养池塘水温保持一致。

6. 苗种的消毒及清肠处理

苗种在入池前必须经过严格的消毒和清肠处理。方法是：将黄鳝苗种放入 3%～5% 食盐水中浸泡消毒 8 分钟，杀灭病菌和寄生虫，消毒后立即放养，注意观察苗种的活动情况，翻腾、蹦跳激烈的，可能是受伤或者是患有腐皮病，应剔除掉。消毒后将黄鳝放入清水中，如发现有懒洋洋的，且用手抓而挣扎无力的，也要剔除。最后再用 8% 食盐水浸泡 5 分钟，待鳝苗肠道基本吐空洗净，便可放养下池。

7. 配养泥鳅

黄鳝苗种放足后，在鳝池中可搭配养殖一些泥鳅，放养量一般为每平方米 8～16 尾。搭配泥鳅有五个作用：一是泥鳅好动，其上下游动可改善鳝池的通水、通气条件；二是可防止黄鳝密度过大而引起的混穴和相互缠绕；三是泥鳅可以清除池塘内的剩余残饵，搅和池泥；四是混养的泥鳅可减少鳝病的发生；五是养殖出来的泥鳅本身就是经济价值很高的水产品，可以增产增收。

另外，鳝池中按每 5 米^2 混养 1 只龟，能起到如泥鳅一样的作用。

第六节　池塘养黄鳝的养殖管理

一、科学投饵

采取池塘养殖，由于黄鳝高密度地集中在一个小范围内，它们的活动受到限制，必须投饵精养。

1. 饲料来源

黄鳝是以肉食性为主的杂食性鱼类，喜食鲜活饵料，在人工饲养条件下，主要饵料有蚯蚓、蝇蛆、大型浮游动物、小杂鱼、蝌蚪、蚕蛹、螺蛳、河蚌肉、昆虫及其幼虫、动物性内脏等，动物性饲料不够时，也可投喂米饭、面条、瓜果皮等植物性饲料。在投喂时应注意多品种搭配投喂，以降低黄鳝对某种食物的选择性和依赖性。

其饲料可就地取材，多渠道落实饵料来源：一是在养殖池内施足基肥，培育枝角类、桡足类、轮虫及底栖动物等天然饵料生物；二是在养殖池内放养一部分怀卵的鲫鱼、抱卵虾，利用它们产卵条件要求不高但产仔较多的优势，促进其一年多次产卵孵化出幼体供黄鳝取食；三是专门饲养福寿螺或螺蛳、河蚌等，也可与发展珍珠养殖相结合，利用蚌肉作为饵料；四是在养殖池上方加挂黑光灯诱捕飞蛾、螟虫及其他昆虫供黄鳝捕食；五是利用猪、羊、鹅、鸭的内脏给黄鳝吃，要注意尽可能将这些动物内脏切碎；六是培育或挖取蚯蚓、人工繁殖蝇蛆，也可用猪血招引苍蝇生蛆。

2. 投饵技术

黄鳝苗种在入池后的 1～2 天先不要立即投喂饲料，而是先让它们饥饿一下，同时让它们适应新的环境后再开始投饵，效果会更好。

黄鳝投饵应坚持"四定"原则：

(1) 定时　根据黄鳝昼伏夜出的生活习性，在每天傍晚投喂为好。为了便于观察，可逐步驯化至白天喂食。

(2) 定质　人工大面积养殖黄鳝时，要求投喂混合饲料，投饵的原则是新鲜、营养、多样。人畜粪必须经过腐熟发酵后才能泼洒投喂。从养殖实践看，以鲜活饵料为主，植物性饵料（如皮、米饭、瓜果等酸甜食物）为辅，黄鳝生长速度快，成活率高，肉质好。可根据当地的资源特点选择适当的饵料，也可人工培育蚯蚓、黄粉虫、蝇蛆等，保证饲料新鲜不变质，腐败变臭的饵料应坚决不用。

较大的饵料要剁碎或吊挂在池中，任其撕食。螺蛳、河蚌及蚬等硬壳饵料，投放前须砸碎其外壳。

(3) 定量　黄鳝的摄食强度直接与水温有关，每天投喂 1～2 次，投喂量为黄鳝总体重的 3%～5%，具体可根据水温的高低及黄鳝的吃食情况适当调整。一般应在投饵后 2 小时进行检查，若饵料已吃完，说明饵料量不足，应适当增加；若没吃完，则说明饵料过量，应适当减量。饵料过剩，将败坏水质，造成疾病。

黄鳝是肉食性鱼类，很贪食，饵料严重不足时，黄鳝有互相残杀或大吃小、强食弱的习性。饵料不足时，也可辅投一些浮萍、桑叶、豆饼、麸皮或玉米粉等，将上述植物性饵料与绞碎的鱼虾肉糜混合成湿团（在水中能较长时间不散开）后投喂。

（4）定位　为使黄鳝养成定点吃食的习惯，便于观察吃食情况和清扫残料，达到"精养、细喂、勤管"的要求，应在池塘中设置 3～5 个饵料台，每天应及时清除饵料台上的污物与残饵，并每隔 5 天放置太阳下曝晒一次。

据相关资料介绍，投喂 6～8 千克蚯蚓或 10 千克蚌肉或螺蚬肉，即可转化为 1 千克黄鳝。

3. 驯饵

需特别指出的是，由于目前黄鳝的全人工繁殖技术还不很成功，因此目前在人工养殖时，黄鳝的苗种主要来源于野生采捕。它们在初放养时对环境很不适应，一般不吃人工投喂的饲料，因而需要驯饲，否则容易导致食欲不振，造成养殖失败。

驯饲的方法和技巧也很多，都有一定的效果，前文已经介绍了一种驯饲的方法，这里再介绍一种适于池塘养殖的驯饲方法。鳝种放养 2 天内不投喂饲料，促进黄鳝的腹中食物消化殆尽，使其产生饥饿感，然后将池水放掉加新水，于第 2 天晚间 8～10 时开始进行引食。引食时用黄鳝最喜欢吃的蚯蚓、河蚌肉切碎，分几小堆放在进水口一边，并适当进水，造成微流刺激黄鳝前来摄食。第 1 次的投饲量为鳝种重量的 1%～3%，第二天早晨如果全部吃完，投饲量可增加到 4%～6%，而且第二天喂饵的时间可提前半小时左右。如果当天的饲料吃不完，应将残料捞出，第 2 天仍按产天的投饲量投喂，待吃食正常后，可在饲料中掺入来源较易的瓜果皮、豆饼等，也可渐渐地用配合饲料投喂，同时减少引食饲料。如果吃得正常，以后每天增加普通的配合饲料，十几天后，就可正常投喂了。采用此法也可以驯化黄鳝在白天摄食。

二、水质监控

水、种、饵、管是水产养殖的四大物质基础。池塘水质良好，不仅可以减少黄鳝疾病的发生，而且可以降低饵料系数，提高养殖的经济效益。

1. 控制水质，稳定水位

鳝池水质要求肥、活、嫩、爽，含氧量充足，水中含氧量不能低于 3 毫克/升。由于鳝池水浅，投饲量又大，饲料中的蛋白质含量高，水质容易败坏变质，不利于鳝摄食生长。为防止水质恶化，底泥中不施有机肥，过肥会造成浑浊。因此在养殖时，应根据池内的水质确定是否及时换水：在阳光下，若池水为嫩绿色，则为适宜的水质；若池水为深绿色，应考虑换水；若池水发黑，闻起来已有异味，应立即换水。春秋两季，一般 7 天左右换水 1 次，夏季 1～3 天换水 1 次，冬季每月换水 1～2 次，每次换水量在 20%～50%。有条件的地方可在鳝池中形成微流水。及时捞除残饵、污物，保持水质清新。

根据具体情况适时加注新水。黄鳝有穴居习惯，而且能在空气中直接呼吸氧气，需经常把头部伸出水面，故池水不宜过深，否则吃食、呼吸均有困难；过浅，池水容易变质，高温季节可再加深池水，当天气突变（雨天转晴或晴天转雨）及天气闷热时或水质严重恶化时，黄鳝会将它的前半身直立水中，口露出水面呼吸空气，俗称"打桩"。发现这种情况，要及时注入新水，防止黄鳝缺氧频频浮头，一般需稳定在10～15厘米，最深不能超过30厘米。

2. 生物控制水质

较大较深的养鳝池中，可混养少量罗非鱼、鲤鱼、鲫鱼、泥鳅等杂食性鱼类，能起到清除残饵粪便、净化水质等作用。另外，种植水生植物如茭白、浮萍、水草等都可以达到净化水质的目的。

值得注意的是，浮萍等虽然可以吸收水中的氨氮，但老死后的残根腐叶给水体造成的负面作用更大，故养鳝池中不宜存留枯枝败叶，一旦发现浮萍死亡就要立即捞出。

3. 泼洒生物制剂控制水质

在黄鳝的池塘养殖中，可以通过泼洒适量生物制剂来达到控制水质的目的。用于水产养殖的生物制剂是比较多的，效果也非常好，例如光合细菌、芽胞杆菌、乳酸菌、酵母菌、EM原露等。这里介绍在黄鳝养殖上常用的EM原露生物制剂的应用。

EM原露是一种功能强大的微生物菌剂，是日本琉球大学比嘉照夫教授发明的，它是由光合细菌、乳酸菌、酵母菌、放线菌、醋酸杆菌5科10属共80多种微生物组合而成。应用在黄鳝养殖中有很多优势，具体表现在以下几个方面：一是能杀死或抑制池塘中的病原微生物和有害物质，改善水质，达到防病治病的目的；二是具有增强黄鳝抗病能力、促进生长、提高产量和改善黄鳝品质的效果；三是能有效地增加水中溶氧量，快速调整黄鳝的养殖环境，促进养殖生态系中的正常菌群和有益藻类的活化生长，保证养殖水体的生态平衡；四是不但可以将 EM 原露直接投放在水体中控制水质，还可以拌入饵料投喂，直接增强黄鳝的吸收功能和防病抗逆能力；五是 EM 中的光合菌还能利用水中的硫化氢、有机酸、氨及氨基酸兼有的反硝化作用消除水中的亚硝酸铵，因而能使养殖池中的排泄物和残饵污染得到净化。

EM 原露的使用也有其科学性，有一些黄鳝养殖户在养殖过程中也使用了 EM 原露，但是效果不佳，究其原因就是没有正确地掌握它的科学用法。

一是在黄鳝放养前全池泼洒，可以对养鳝池塘进行水质净化和底泥改良，用量是每 100 米^2 鳝池用 1 千克 EM 喷洒。

二是在黄鳝的饲养期间进行泼洒，一般隔 15 天左右全池泼洒 EM 菌液，目的是更好地防病治病，用量为每 1 米^3 水体泼洒 10 毫升。如果是水质败坏或污染较重的鳝池，应视实际情况适当缩短泼洒时间，以促使水中污物尽快分解。

三是将 EM 原露添加到饵料中投喂给黄鳝吃，由于制作黄鳝的软颗粒饵料需向干料中加水，那么就可以用 EM 原露代替部分水而加入饲料中，添加量为饲料总重量的 2%～5%，对促进黄鳝的消化、预防肠炎很有作用。

四是由于 EM 原露是由微生物菌群组成，生石灰、漂白粉、茶枯等杀菌剂对其有杀灭作用，不可混用，如果因为治病需要施用时，一定等生石灰等药物效力过后才能施用 EM 原露。

4. 保持肥度

黄鳝池塘水质的管理，还有一项重要任务就是要使池水保持适宜的肥度，能提供适量的饵料生物，以利于黄鳝的生长发育。

5. 改善水质

如果黄鳝养殖池塘的水质变坏，可以适时施用药物，如定期施用生石灰等改善水质。

三、水温控制

由于黄鳝摄食的适应水温为 15～30℃，最适水温为 24～28℃，在 30℃ 以上或在 10℃ 以下很少有摄食欲望，会慢慢地进入夏眠或冬眠状态，这对它生长是不利的。对于养殖户而言，这也不合算。另外，在过热或过冷的时候，黄鳝会因水温不适而发病甚至死亡。因此为保证水温在黄鳝的适温范围内，就有必要对水温进行适当控制。

1. 防暑

夏季是黄鳝养殖的关键季节，也是管理上最具风险的季节，因此夏季防暑工作非常重要。当水温上升到 28℃ 以上，黄鳝摄食量开始下降，要及时做好防暑降温工作。其方法是：池四周栽种高秆植物或在池边搭棚种藤蔓植物，池角搭设丝瓜、葡萄、南瓜棚，池中种植一些遮阴水生植物如水葫芦或水浮莲，以防烈日曝晒。但水葫芦等繁殖极快，遮阴面一般不能超过 1/3，有时为控制水草丛中的气温及水温，还可采取在水草上铺盖遮阳网或使用其他遮阴措施。若水温超过 30℃，应及时加注新水，增加换水次数，并将池水加深。最好用地下水降温，加水时不能一次加注过多，以免温差过大引起黄鳝感冒致病。

2. 防寒

黄鳝是变温动物，在春末及深秋，环境温度下降时其体温也随之下降，生长逐渐减缓甚至停止生长。此时可适当减少水草的覆盖面，并将黄鳝的投食时间逐渐提前，以期增大黄鳝的采食量。也可采取人工防寒保暖措施，可相对延长黄鳝的生长期，即在黄鳝池上用透明的塑料薄膜搭设人工保温棚，可延长生长期1个月左右，效果十分明显。

当水温下降到15℃左右时，应投喂优质饲料，使之膘肥体壮，提高抗寒能力；水温下降到10℃左右时，及时做好黄鳝越冬工作，将池水排干，但要保持一定水分，上面覆盖少量稻草或草包，使土温保持0℃以上，以免鳝体冻伤或死亡，确保其安全过冬。如果冬季对鳝池覆盖塑料薄膜大棚或采用其他增温、保温措施，保持适宜的水温，黄鳝可全年摄食生长，从而大大缩短暂养期，降低成本，提高产量和效益。

3. 越冬

黄鳝越冬期的养殖有三种方法：

一是干池越冬。在黄鳝停食后，把鳝池的水放干，小鳝潜入泥底，上面盖15～20厘米厚的麻袋、草包或农作物秸秆等，使越冬土层的温度始终保持在0℃以上。最好把土堆放在一角，然后上面再加盖干草等物，这样小鳝不易冻死。盖物时不能盖得太严实，以防小鳝闷死。

二是深水越冬。即在黄鳝进入越冬期前，将池水水位升高到1米，鳝钻入水下泥底中冬眠。越冬期间如果池水结冰，要及时人工破冰增氧，以防长期冰封导致黄鳝因缺氧而死亡。切忌浅水（20厘米左右）越冬，否则小鳝会冻死。

三是可采取在养殖池的水草上部分覆盖塑料膜的方

式,一方面防止水草被冻死,另一方面也利于增加池温。池水应尽可能加深。

四、及时分池

黄鳝种内竞争性很强,同规格下池的鳝,经一段时间的饲养,规格就会逐渐变得参差不齐,长此以往不利于产量的提高。所以,在黄鳝生长期间,应每隔1个月左右将池中的黄鳝全部捕出,经过筛选,将大、中、小规格的黄鳝分池饲养。秋后生长期结束前,也应将鳝全部捕出,把已达商品规格的鳝放入待销池中,其余不同规格的鳝按来年生产需要分池放养。这样,黄鳝种经一个冬天的适应,翌年即可较早进入旺长阶段。

五、做好防逃工作

在池塘养殖黄鳝时,黄鳝逃跑的主要途径有三种:一是连续下雨,池水上涨,随溢水外逃;二是排水孔拦鱼设备损坏,从中潜逃;三是从池壁、池底裂缝逃遁;四是黄鳝池池小水浅,在灌注新水时,要防止水溢鳝逃。

因此,要做好以下几点工作:

一是养殖户应尽可能多到池边查看,有条件的可于每天早、中、晚各巡池一次,如条件许可,更应经常巡池。一些从事大规模养殖黄鳝的,更应抽时间巡视。尤其是在下雨天气,更应加强巡视。巡视主要内容包括:看是否有排水管堵塞现象,看排水沟是否通畅,看是否有黄鳝逃出池外等。通过巡视,能及时发现问题,并想办法加以改进,从而避免或减少损失。

二是要经常检查水位、池底裂缝及排水孔的拦鱼设备，及时修好池壁，堵塞黄鳝逃跑的途径。

三是在雨天还要重点注意溢水口是否畅通，拦鳝网是否牢固，以防黄鳝外逃。另外，养鳝池边不能有草绳、木棒伸出池外，因雨天黄鳝最易顺水逃逸。

六、预防病害

黄鳝在天然水域中生病较少，但人工饲养密度大，病害较多。饲养早期，鳝种因捕捉运输体表受伤，易感染生病；饲养中期，因水质恶化或养殖密度过大，易发病；外购、外捕的鳝种体内大都有寄生虫，或在养殖中感染寄生虫后发病。因此，在养殖过程中要经常检查黄鳝健康状况，做好日常鳝病预防工作。

一是在鳝种放养和养殖过程中，应用药液浸泡或药液遍洒水体消毒，用药饵驱虫等，主动采取措施，以防为主。

二是在养殖池内混养少量泥鳅，可有效地防止发烧病。

三是控制池塘水温的相对稳定，可有效防止感冒。

四是在鳝池内投放一些癞蛤蟆，可有效地防止梅花斑病。

五是在饵料中添喂适量大蒜素，用以预防细菌性疾病。

六是防牲畜、家禽危害，养鳝池水较浅，牲畜、家禽容易猎食，应采取相应措施予以预防。

第三章　黄鳝的生态套养与混养

第一节　成鱼池生态套养黄鳝

除了池塘单养外，还可以采用在池塘里套养黄鳝，主要的套养模式有鱼种池套养和成鱼池套养，由于这两者的技术方案很类似，故本书以成鱼池套养黄鳝为例来说明该项养殖技术。在饲养商品鱼的池塘中套养黄鳝，每亩可产成鱼 400 千克、大规格黄鳝 30 千克，仅黄鳝一项收入就有上千元，能使养殖效益成倍提高。

一、池塘条件

池塘面积以 10 亩以内为好，2～5 亩左右最适宜，平均水深 1.2 米。要求水源无污染，注排水方便，注排水口设网防逃。池埂宽阔结实，不渗漏。池埂四周内侧培植水草、旱草，无草的可以移栽水花生，约占全池面积 30%，以利于黄鳝栖息。

二、池塘施肥

放养前，用生石灰清塘，水深 1 米每亩用生石灰 150 千克，化水全池泼洒，杀灭塘内野杂鱼和病原物。等药效消失，每亩施粪肥 400～500 千克，1 周后浮游生物大量繁殖，即可放养鳝种。

三、鱼种放养

养鱼池塘首先是要养殖鱼类的，因此鱼种的放养要及时，一般鱼苗放养的适宜时间在 2 月下旬，以养肥水鱼为主，每亩放养鱼种 400 尾，其中鲢鱼占 45%、鳙鱼占 20%、草鱼和团头鲂占 20%、异育银鲫占 15%，平均规格为每尾 150 克。银鲫的规格要适当大一些，达到性成熟为宜，以尾重 200 克为好，这样就可以方便及时繁殖出幼小的鱼苗供黄鳝摄食。所有的鱼种用 3% 食盐水浸泡消毒10 分钟后放入塘中。

四、鳝种投放

黄鳝苗一般在常规鱼苗下塘 20～30 天后投放。每亩投放规格 25～30 克的鳝苗，每亩放养 15 千克。所放鳝苗必须无病无伤，体色光亮，黏液丰富，活动力强，规格整齐，大小一致。要求一个池塘的鳝种最好能一次放足。在放养前用 3% 食盐水浸洗 10 分钟，将游动暴躁、乱蹦乱跳的剔除，最后连水带鳝倒入塘内。

五、饲料鱼放养

黄鳝主食蚯蚓、蝌蚪、小鱼等，为了保证黄鳝入池后有充足的活饵料，可适当放养饵料鱼，通常是采用繁殖力强而且个体不大的麦穗鱼和泥鳅作为饵料鱼。放养量为每亩各 15 千克，利用它们繁殖的幼苗作为黄鳝的动物性饲料。

六、日常管理

1. 施追肥

为了促进混养池里天然饵料生物不间断，在养殖期间要定期施加追肥，夏季以施无机肥为主，定期施磷肥和氮肥。第一天上午每亩施过磷酸钙 5 千克，第二天上午每亩施尿素 2.5 千克，肥料化水全池泼洒。养殖黄鳝时忌用碳酸氢铵作为追肥，以后每 10～15 天施肥一次。

2. 加强投喂管理

除了定期施肥培育天然活饵料供黄鳝和主养鱼食用外，每天必须定时投喂饲料，饲料主要有饼粕、玉米、麸皮等，适当加入鱼骨粉、维生素添加剂等制作成颗粒饲料投喂。日投喂量为吃食鱼总重量的 3%～5%，每天喂两次，在投喂后 2 小时内吃完为宜。

3. 调节水质

黄鳝和鱼在混养时，也要保持水质良好，溶解氧充足，这对它们的生长发育是有好处的，夏秋高温季节每周换水一次，排出部分老水，加注新水。发现池鱼有缺氧浮头现象时，要及时开启增氧机增氧，并及时加注新水，确保水质肥、活、嫩、爽。

4. 预防疾病

在混养时，一定要做好鳝病和鱼病的防治工作：一是在高温季节，每隔 20 天对池水消毒一次，每次每亩用生石灰 20 千克或漂白粉 1 千克，化水全池泼洒，泼洒鱼药时间要和施肥错开；二是要定期配制药饵投喂，减少病害的发生机会。

5. 捕捞

成鱼采取分期分批、捕大留小的轮捕方法，8月下旬起开始用大眼拉网将尾重达到1千克以上的成鱼捕出上市，维持适当的养殖密度。坚持用大眼拉网、丝网捕鱼，全年尽量不干塘捕鱼，防止黄鳝受伤，尤其是冬季，以防冻伤黄鳝。

对于黄鳝的捕捞，则要根据市场行情捕捞上市，一般要求将150克以上的黄鳝捕捞上市，捕大留小。捕捞方法有罾网诱捕、鳝笼诱捕等。

第二节　黄鳝和泥鳅的生态套养

一、鳅鳝池的改造

饲养黄鳝、泥鳅的池子，要选择在避风向阳、环境安静、水源方便的地方，要求土质坚硬，将池底夯实，池深0.7～1米，水深保持在20～35厘米。池底需填充厚30厘米含有机质较多的肥泥层，有利于黄鳝和泥鳅挖洞穴居。建池时注意安装好进水口、溢水口，进水口、溢水口均用筛网扎好，以防黄鳝和泥鳅外逃。

二、选好黄鳝、泥鳅种苗

水产养殖种苗是关键，在养殖黄鳝和泥鳅等名优水产品时更是如此。黄鳝种苗最好用人工培育驯化的深黄大斑鳝或金黄小斑鳝品种，不能用杂色鳝苗和没有通过驯化的鳝苗。黄鳝苗大小以每千克50～80条为宜，太小摄食力差，成活率也低。黄鳝放养20天后再投放泥鳅苗，泥鳅苗最好采用人工养殖繁殖的，品种以黄鳅为主。

三、放养密度

以黄鳝养殖为主，泥鳅套养为辅，放养密度一般以每平方米放鳝苗 1～1.5 千克为宜。泥鳅的放养密度按黄鳝的 1/10 比例。

四、科学投喂

在鳝、鳅套养时，主要是以投喂黄鳝为主。泥鳅在池塘里主要以黄鳝排出的粪便和吃不完的黄鳝饲料为食就完全可以满足它们的营养需求了，不必另外投饵。

人工池塘饲养黄鳝时主要以配合饲料为主，适当投喂一些蚯蚓、河蚬、螺蚌、黄粉虫等。投喂方法是按照"四定"原则进行，为了提高饲料的利用率和更好地查看鳝、鳅的生长，可通过安装的饲料台进行投喂。饲料台用木板或塑料板都行，面积根据池子大小而定，低于水面 5 厘米。

五、加强管理

黄鳝、泥鳅生长季节为 4～11 月，其中生长旺季为 5～9 月，在这期间的管理要做到"勤"和"细"，即勤巡池、勤管理、发现问题快解决；细心观察池塘的黄鳝和泥鳅的生长动态，以便及时采取相应措施。一是做好水质监管工作，保持池水水质清新，酸碱度 pH 值为 6.5～7.5 之间；二是保持水位适合，相对稳定，因为过深的水位对黄鳝的生长是不利的。

六、预防疾病

无论是黄鳝还是泥鳅，它们一旦发病，治疗效果往往不理想。因此必须遵循"无病先防、有病早治、防重于治"的原则，做好鳝、鳅疾病的防治工作。

一是定期用1～2毫克/升的漂白粉全池泼洒；二是定期用硫酸铜、鱼病灵等药物全池消毒，预防疾病；三是在每年春、秋季节用晶体敌百虫驱虫；四是一定要做好泥鳅的管理工作，因为在黄鳝养殖池里套养泥鳅，泥鳅在养殖池塘里上下串动，可吃掉水体里的杂物，能起到净化水质、增加溶氧的作用，对于黄鳝的疾病预防也是非常有好处的。

第三节　黄鳝与福寿螺的生态混养

一、生态混养原理和优势

这种混养的模式是在池塘中放养福寿螺和黄鳝，福寿螺以草料为食，生长速度快，繁殖率极高，能快速地繁殖出众多的小螺供黄鳝捕食。福寿螺壳薄肉肥，产量高，长成后既可以敲碎直接用来投喂黄鳝，也可以捕捞上市出售，都可以获得不菲的效益。因此，黄鳝的饲料基本上就能解决，不再需要其他的饲料费用。

福寿螺除了吃草料外，也吃一些鳝池底部的有机碎屑，这对改善鳝池的底质环境，减少病害的发生有非常重要的作用。

二、鳝螺池的改造

饲养黄鳝、福寿螺的池子，要选择在避风向阳、环境安静、水源方便的地方，用砖砌成防逃池，中间挖池时空出"井"字形的田埂，以便黄鳝深居、栖息。要求土质坚硬，将池底夯实，池深 0.7～1 米，水深保持在 40～55 厘米，池底需填充厚 10 厘米含有机质较多的肥泥层，有利于黄鳝和福寿螺的生活。建池时注意安装好进水口、溢水口，进水口、溢水口均用密铁丝网扎好，以防黄鳝和福寿螺外逃。

三、选好黄鳝、福寿螺种苗

在每年 5 月上旬放养经越冬的种螺，福寿螺的质量要求规格一致，体壮健康，无伤残螺壳等现象。黄鳝种苗是在 6 月下旬选择由鳝笼捕捉的黄鳝作种苗。也可以放养经人工培育驯化的深黄大斑鳝或金黄小斑鳝品种，不能用杂色鳝苗和没有通过驯化的鳝苗。黄鳝苗大小以每千克50～80 条为宜，太小摄食能力差，成活率也低。

四、放养密度

黄鳝的放养密度分两种情况：如果是放养由鳝笼捕捉的种苗，每平方米放养 0.3～0.5 千克；如果是放养当年繁殖的小鳝苗，一般以每平方米放鳝苗 1～1.5 千克为宜。福寿螺的放养密度是每平方米放养 5 只。

五、科学投喂

1. 黄鳝的投喂

在进行鳝螺混养时，根据鳝螺的食性，一般只要投喂福寿螺的饵料就可以了，饲料来源主要有各种草、菜叶、瓜果皮等。由于有足够的福寿螺及不断繁育的小螺供黄鳝食用，因此不需要对黄鳝投放其他饲料。在投喂的过程中，还要根据黄鳝的生长情况和池内福寿螺的密度情况进行调整。如果发现池内的福寿螺密度较高或个体较大时，可用抄网捕捉一些福寿螺，敲碎后再投入池子里供黄鳝吃食。

2. 福寿螺的投喂

（1）饲料种类　福寿螺属于杂食性螺，它的食性很广，摄食方式为舔刮式。在自然界中，福寿螺主要摄食植物性饲料，主食各种水生植物、陆生草类和瓜果蔬菜，如青萍、紫背浮萍、各种水草、水浮莲、水花生、水葫芦、水果、果皮、冬瓜、南瓜、西瓜、茄子、蕹菜、青菜、白菜、青草和浮游动物等。在人工养殖时，也吃人工饲料，如米糠、麦麸、玉米面、蔬菜、饼粕类饲料、下脚料和禽畜粪便等，在食物缺乏的时候也摄食一些残渣剩饵和腐殖质及浮游动植物等。

（2）投喂技术　饲料投喂也要像养鱼一样，采用"四定"法，即定时、定点、定质、定量。

① 定时　在饲养期间，一般每天投喂两次，由于福寿螺厌强光，白天活动较少，夜晚多在水面摄食，因此投喂时间应为早上5~6时和傍晚17~18时，傍晚投饲量占全天的2/3，早上投饲量占1/3。

② 定量　在整个养殖过程中，应掌握"两头轻，中间重"的原则：春秋两季水温较低，日投饵量约占螺体重的6%左右；夏季水温高，福寿螺的摄食能力增强，日投饵量约占螺体重的10%左右。每日的具体投饵量通常采用隔日增减法，即根据前一天的吃食情况及剩余饵料多少来决定当天的投喂量，注意既要保证福寿螺吃饱吃好，又不可过剩，以免腐烂沤臭水质。

③ 定质 在投喂饲料时，应以青料为主、精料为辅，投喂过程中要先投喂芜萍、浮萍、苦草、轮叶黑藻、陆生嫩草、青草、菜叶等青饲料，待吃光后再投喂米糠、麸皮、豆饼粉、玉米面、酒糟、豆腐渣等精料。要求所投喂的饵料新鲜、不霉烂、不变质，精细搭配合理，青饲料投喂量占总投喂量的80%，精饲料占20%左右。

④ 定点 投喂幼螺饵料时要求全池遍洒，保证幼螺尽可能都采食；投喂成螺时，可采取定点定位投饲，视每池的大小，确定十几个投饲点。

六、加强管理

黄鳝、福寿螺的生长季节为4～11月，其中生长旺季为5～9月，在这期间的管理要做到"勤"和"细"，即：勤巡池、勤管理、发现问题快解决；细心观察池塘的黄鳝和福寿螺的生长动态，以便及时采取相应措施。

一是做好福寿螺的强化培育和水质监管工作。在强化培育福寿螺的过程中，一定要投足新鲜的草料、浮萍、芜萍、菜叶和瓜果皮等，并经常灌注新水，保持池水水质清新，pH值为6.5～7.5之间，繁殖强化培育福寿螺。

二是保持养殖池的水位适宜，相对稳定，因为过深的水位对黄鳝的生长是不利的。同时要做好黄鳝的防逃工作。

七、预防疾病

主要是对黄鳝进行疾病的防治，必须坚持"无病先防，有病早治，防重于治"的原则，做好黄鳝疾病的防治工作。一是定期用1～2毫克/升漂白粉全池泼洒；二是定期用硫酸铜、鱼病灵等药物全池消毒，预防疾病；三是在每年春、秋季节用晶体敌百虫驱虫。

通过黄鳝和福寿螺的混养，在养殖池中形成水面养螺、水底养鳝的生态综合养殖，福寿螺吃草、菜、萍、瓜果皮，鳝吃螺，提高了养殖业的经济效益。

第四章　黄鳝的生态养殖技术

第一节　黄鳝、葡萄、鸡、水葫芦生态养殖技术

一、生态养殖的原理

黄鳝、葡萄、鸡、水葫芦生态养殖技术是指在岸上种植葡萄，水中培育水葫芦，鸡以田间的小虫、杂草、草籽以及水葫芦为食，可把果园地面上和草丛中的绝大部分害虫吃掉，提高果品的产量和质量，而且对杂草有一定的防除和抑制作用。将收集好的鸡粪用来培育蝇蛆、蚯蚓或者是作为有机肥来给葡萄施肥，既解决了鸡粪的有机污染，又解决了葡萄的肥料。在葡萄架下修建一个个的小型水泥池或长方形的小土池来养殖黄鳝，再在黄鳝池中培育水葫芦。水葫芦发达的根系既可以为黄鳝遮阴、提供栖息场所，还可以作为黄鳝的天然饵料，同时水葫芦也可以喂鸡。另外，鸡可以充分利用果园里的杂草、昆虫、蚂蚁、蚯蚓等天然生物资源，可改善鸡蛋、鸡肉的品质和风味。每年清池时的底泥可以覆盖在葡萄树下，为葡萄提供充足的有机肥。

这种生态养殖的优点为还在于充分利用了葡萄架下的

空间，提高了土地的利用率，另外散养的鸡也在葡萄架下活动、摄食，为葡萄地松土，减少了饲料的投喂量，节省了劳动力。这种高效立体生态的养殖模式对于缓解土地紧张状况，促进农业增效、农民增收具有十分重要的现实意义，是一种高效、良性、立体、生态的循环种养殖的创新模式，值得推广。

二、生态养殖的准备工作

1. 场地选择

由于鳝池是建设在葡萄架下的，加上鳝池是一种地下建筑，因此在选择这种立体养殖的场地时，应优先考虑葡萄场地的选择。

发展葡萄生产既要考虑生态条件，又要考虑社会条件及经济条件的影响，因此葡萄生产要想获得高产、稳产，在场地选择时要统筹安排。

首先在选择葡萄栽培地时要注意各种地势类型，应按照"因地制宜、适地适树"的原则，合理安排土地，提高土地的利用率。葡萄种植地应具备适于生产的生态环境条件、有利的地形地势、方便的交通运输、优良的品种资源、良好的土壤地质背景、较深厚的土层和疏松透气的物理特性。

其次葡萄是典型的喜光作物，对光的要求较高，对光的反应也敏感，光照时数的长短、光照的强弱对葡萄的生长发育、产量和品质都有很大的影响。在光照充足的条件下，植株健壮，叶片厚而色浓，花芽分化良好，产量高，果实品质好，浆果含糖量高。光照不足时，新梢生长细弱，叶片薄，叶色浅淡，花序瘦小，果穗也小，落花落果多，产量低，品质差，冬芽分化不良，枝条成熟度差，直接影响次年的生长发育和开花结果。所以一定要选择光照好的地方，并注意改善架面的风、光条件，充分利用太阳光能，同时，正确设计行向、行株距和采用合理的整形修剪技术，一定要注意过分阴湿和光照不良的地方不宜发展葡萄生产。

再次是葡萄的品种不同，对光照的敏感性也不一样，所要求的光照强度不一样。总的来说，欧亚种品种比美洲种品种要求光照条件更高。有些品种浆果的充分着色需要有光线的直接照射，例如黑罕、玫瑰香、里扎马特、甲州三尺、赤霞珠等品种是要求直射光的照射才能正常上色；而康拜尔等品种则需要在散射光的条件下才能很好着色，直射光对它们的着色效果不好；用于生产葡萄干的优良品种无核白对光照要求更高。

最后就是必须要考虑电力、交通、通讯对葡萄生产和黄鳝养殖的影响。

2. 基础设施

搭建葡萄架是最重要的设施之一，葡萄支架的选择应该坚持坚固耐用、取材方便的原则。由于葡萄的枝蔓比较柔软，设立支架可使葡萄植株保持一定的树形，枝叶能够在空间合理分布，获得充足的光照和良好的通风条件，并且便于在果园内进行一系列的田间管理。因此，在葡萄园中设立架式是必需的。葡萄的架式虽然有很多种，但目前在生产中应用较多的大致上可分为两类，即篱架和棚架。

3. 修建黄鳝池

在进行这种模式的种养殖时，黄鳝池的修建基本上是以土池为主，具体的建池方法同前文。

4. 鸡舍的准备

在葡萄地周围要用旧鳝网或纤维网围拦隔离，防止鸡只外逃和天敌侵入，以便管理。鸡舍是鸡生活的场所，为了能保证养殖效益，对鸡舍是有一定要求的：一是要求能防潮，保持干燥，尤其是地面的防潮要求更是严格；二是要能有效地隔热，做到盛夏时节鸡群能顺利度过；三是保温设施要完备，尤其是寒冷地区更是重中之重，通常要做到地面能保温、窗户能保温、墙壁能保温、屋顶能保温；四是鸡舍不能过于简陋，要坚固耐用，能有效地抵抗积雪覆压的重力等。

鸡舍采用土墙、砖木或竹木结构，选择避风向阳、地势高燥而平坦处建造，大小因地而异，一般高约 2 米、跨度 5～6 米、长度 10～30 米。鸡舍坐北朝南或坐西北朝东南，顶部用玻璃钢瓦或油毛毡配稻草都可以，鸡舍中间高、两边低，四周挖好排水沟。

葡萄园养鸡是放牧为主、舍饲为辅的饲养方式，因其生产环境较为粗放，所以应选择适应性强、耐粗饲、抗病力强、活动范围广、抗病力好、勤于觅食的地方鸡种进行饲养。应根据市场的需求来确定选择适当的品种，一般应选用体型小的品种，如广东三黄鸡、广西麻黄鸡、肖山鸡、浦东鸡、仙居鸡、寿光鸡等传统地方良种是适合葡萄园饲养的品种；若供应春节市场，则宜选用体型大的品种如星杂 882 等。而艾维茵、AA 等快大型鸡由于生长快、活动量小、对环境要求高，不适于葡萄园养殖。

三、生态养殖技术

（一）饲料的配制与准备

1. 鸡饲料

在这种养殖模式中，鸡可以在葡萄地里自由采食，另外可以捞取鳝池里的水葫芦来喂鸡，因此基本上是不用另外投饲的。但是为了给鸡养成一种早上出去、晚上回来的好习惯，可以通过补饲的方式来建立条件反射。可在每天早晨放牧前先给鸡群喂适量配合饲料，傍晚将鸡群召回后再补饲一次。补饲的时间和量应依季节和天气而异，如秋冬季节果园杂草少，昆虫少，可适当增加补饲量，春夏季节则可适当减少补饲量。若在阴雨天鸡不能外出觅食，这时需要及时给料。

2. 黄鳝的饲料

黄鳝的饲料来源有四个途径：第一个途径是最主要的，在葡萄园地的空隙处，用鸡粪和葡萄叶、水葫芦等一起沤制后制成基础料，再用这些基础料来培育蚯蚓、黄粉虫、蝇蛆等作为黄鳝的食物来源；第二个途径是在鳝池里套养田螺或福寿螺，也可以在排水口的浅水处培育水蚯蚓，都可以作为黄鳝的饵料；第三个途径是在鳝池上方挂设黑光灯诱虫，可在夏秋季解决部分饵料；最后一个途径就是在活饵料较少时，可以补投一些黄鳝专用饵料。

（二）种养管理

1. 葡萄管理

（1）葡萄的种植 适宜密植是提高葡萄早期产量的重要措施。为了充分利用土地和空间，可以将密度调整为株距1～1.5米，行距2.0～2.5米，每亩栽植140～330株。

密植时一定要注意选用适当的架式和抗病品种，同时要加强树体及水肥管理，及时防治病虫害。

（2）葡萄的施肥　葡萄的施肥方法可采用条沟状施肥、放射状施肥、穴状施肥、环状施肥、全园施肥、灌溉式施肥等方式，具体的施用方法可以根据肥料的性状、施肥的目的、施肥后的管理等灵活掌握。

（3）水分管理　葡萄对水分要求的适应性很强，成龄葡萄园的主要灌水时期是在葡萄生长的萌芽期、花期前后、浆果膨大期和采收后期。一般来说，葡萄在冬季休眠期对水分的要求较低，在新梢迅速生长和果实膨大期则需水较多。灌水要根据葡萄生长发育的需水量和降水分布情况而定。灌水最好与施追肥的次数和时间相一致。

葡萄园灌溉的时间、次数和水量应根据树体需要、气候变化、土壤含水量等来确定。通常浇灌方式有漫灌、沟灌、穴灌、喷灌、滴灌和渗灌。

葡萄从初花期至谢花期 10～15 天内，应停止供水，花期灌水会引起枝叶徒长，过多消耗树体营养，影响开花坐果，出现大小粒和严重减产。

（4）树体管理　葡萄是藤本果树，长期在自然条件下生长，靠攀缘周围物体向阳光处生长。如果没有人工控制的话，葡萄上部阳光充足，上部和外围的各种枝条生长过长、过多、过密，造成大量的徒长枝形成。后果一是密生的枝条导致主干内腔的光线严重不足，影响葡萄的光合作用和生长发育，主干下部的枝条会枯死；二是葡萄下部因为光照不足，枝芽发育不良而形成光秃带，导致结果部位不在正常位置，会随着外围枝条的发育而迅速外移，导致结的果实越来越少，品质越来越差，结果期越来越迟。为了促使葡萄尽快形成牢固的枝架和发育良好的结果母枝，并维持合理的丰产、稳产、优质的树体，充分利用架面空间和光能，调节树体生长和结果的关系，有必要对树体进行科学的有计划的枝蔓引缚、短截、疏枝、摘心、定梢、掐穗尖、疏芽、环剥等整形修剪措施，对于提高葡萄产量和质量、延长结果期是很有帮助的。

（5）其他管理工作　葡萄的其他管理工作包括果穗套袋、及时催熟和采收。

2.鸡饲养及管理

一是做好放牧工作。天气晴好时，清晨将鸡群放出鸡舍，傍晚天渐渐变黑时将鸡群赶回鸡舍内。白天放养不放料，给予充足的清洁饮水，根据放养的数量置足水盆或水槽。若是雨天，果园有大棵果树遮雨，鸡只羽毛已经丰满，仍可将鸡舍门打开，任其自由进出活动。若果树尚小，无法避雨，就不宜将鸡群放出。若气候突然有变，应及时将鸡唤回。

二是注意天气。在葡萄园里散养鸡，冬季注意北方强冷空气南下，夏天注意刮风下雨。尤其是开始放养的前一两周，随时关注天气预报，时刻观察天气变化，根据天气变化及时进行圈养或放牧的调整。

三是谨慎用药。果园使用农药防治病虫害时，应先驱赶鸡群到安全地方避开，再巧妙安排，穿插进行。因为农药毒性大，对鸡易造成中毒。一要选用高效、低毒、低残留的无公害农药；二要在安全期放养，将鸡群停止放养3～5天，或施药时将果园分区、分片用药，农药毒性过后再进行放养，不让鸡接触农药。若是遇到雨大，可避开2～3天；若是晴天，要适当延长1～2天，以防鸡只食入喷过农药的树叶、青草等中毒。

3. 黄鳝的饲养与管理

（1）鳝种入池　黄鳝苗种的选择和放养技巧，请参阅前文。

（2）投饵　在这种模式中，黄鳝基本上是以天然活饵料为主，它一方面可以取食养殖池里的水葫芦、田螺等，还可以取食人工培育的蚯蚓、蝇蛆等。具体的投喂技巧请参阅前文。

（3）水质管理

首先是要有充足的水源，这既是葡萄栽种的需要，也是黄鳝养殖所必需的。水质要求干净、无污染。

其次是换水，由于黄鳝池是建设在葡萄架下的，池子里又有水葫芦生长，因此在夏季鳝池的水温不能太高，但是还要根据具体情况适当换水。一般1周换水2次，每次1/4就可以了。

再次就是及时捞取水葫芦。水葫芦长得很快，有时黄鳝可能利用不了，这时就要及时将它们捕捞出来，切碎供鸡食用，也可以为葡萄树沤制绿肥。这样可以保证黄鳝适宜的生长空间，保持水质的优良。

第二节　黄鳝、蚯蚓、芋头混养

一、混养原理

一是黄鳝的习性是昼伏夜出、喜暗惧光，因此它一般是白天钻进土里或芋头发达的根系里，受到它们的保护，可以免受夏季阳光照射的侵害，到了晚上再出来觅食。

二是池中土堆既种芋头，又养蚯蚓，能有效地解决黄鳝的部分活饵料。

三是蚯蚓既是黄鳝的活饵，又能松土助芋头生长，芋头的宽阔茎叶在夏天可为黄鳝遮阴，黄鳝的排泄物又是芋头生长的天然肥料。通过这种互利作用，达到了鳝、蚓、芋的共生互利，也是生态养殖的一个典范。

四是可以利用季节差和价格差，随时捕捞黄鳝上市，以获取最高利润。

二、鳝池建设与处理

为了捕捞方便和便于控制水质，养鳝池最好是水泥底面，长方形为宜。养鳝池长 8 米，宽 4 米，高 1 米。具体的建池和池塘消毒方法，前文已经讲述。

在黄鳝池中间用池 1/2 面积堆土畦 40 厘米高，另外 1/2 水面水位最高保持在 30 厘米，最低不能低于 10 厘米。在土畦中施肥种芋头，土畦面层养蚯蚓，因此在这个鳝池里就已经达到鳝、芋和蚓的共生了。

三、芋头种植

芋头有水芋和旱芋两种，在这种养殖模式中，只能选择水芋进行种植。

1. 施肥

除了在黄鳝入池前在水体中施肥、培育天然饵料生物外，由于水芋是一种喜肥性水生植物，因此在水芋栽种前，必须对田畦施基肥，这样才能有利于芋苗的生长和发育。一般每平方米可施腐熟的人粪尿 3～4 千克或猪粪 5～6 千克。

2. 定植芋苗

水芋苗的定植时间虽然因品种和地区不同而有一定的差异，但总的来说是在立夏到小满期间进行，基本上与黄鳝的生长是同步的。定植的行距为 60 厘米，株距为 30 厘米，种芋入池深度为 3～4 厘米。

四、鳝种的投放

鳝种的来源、质量鉴别、投放方式和注意点，已经在前文有详述，只是对于它的投放密度在这里要重点提一下，在不算土畦面积的情况下，每平方米水面放黄鳝种 3～4 千克就可以了。

五、蚯蚓的培育

这种场所土壤松软，土质较肥，有利于蚯蚓取食和活动。在行距间开挖浅沟并投入蚯蚓培育饲料，然后将蚯蚓放入，便于蚯蚓穴居。每平方米投放大平二号蚯蚓 2000 条左右。在菜畦上放养蚯蚓，盛夏季节芋头新鲜茂盛，叶宽茎大，其宽大叶面可为蚯蚓遮阴避雨，有效地防止阳光直射和水分过度蒸发。平时蚯蚓可食枯黄落叶，遇到大雨冲击时可爬入根部避雨。这种饲养方法成本低，效果显著，便于推广。

如果培育的蚯蚓作饵料不够，还不能满足黄鳝的摄食需求，可适当投喂其他饵料。

六、日常管理

1. 水位调节

在此养殖模式中，水位的调节要芋、鳝、蚯蚓兼顾三者对水的需求。值得注意的是，水芋的需水要求基本上与黄鳝对水的要求是相同的。刚定植后的水芋，要求浅灌3～5厘米的水位，主要目的是为了防止浮根，有利扎根，提高成活率；而此时的黄鳝需水也不宜多。以后慢慢加水，到了盛夏期间可以将水位提高到25厘米左右，以利于养殖池的降温。秋后再慢慢将水位下降到5厘米左右。

2. 水质管理

在进行芋、鳝、蚯蚓三者混养的模式中，水质一般能保持良好。水芋是喜肥植物，对肥的要求较高，而且根系发达，基本上能将黄鳝的排泄物吸收并转化为肥源。

但是在一些特殊情况下，如黄鳝的密度过高，水质也可能变坏时，就要及时换注新水，同时施加一些水产专用的底改药物，进行水质和底质的改善。在夏季如果水温过高，可在养殖池四周种植一些丝瓜或玉米等高秆植物，形成一个遮阳、降温的环境，同时加强换水。

3. 黄鳝的投喂

在芋、鳝、蚯蚓三者的混养殖中，只要蚯蚓培育的数量足够，是不用另外投喂黄鳝的，当培育的蚯蚓爬出土畦时，就会被黄鳝捕食，成为它们的美味。此模式中需要做的就是对蚯蚓的投饵工作。

蚯蚓饲料的投放可采用上投法、下投法和侧投法。根据经验，通常采用侧投法为佳，即把新饲料投放在旧饲料的侧面，让成蚓自由进入新饲料堆中采食、栖息，而幼蚓进入新饲料堆中速度较慢，数量较少，这样有利于成蚓、幼蚓、蚓茧的分离，避免"三代同堂"，有利于蚯蚓的繁殖及分离。

（1）上投法 此法比较适用于补料。当蚯蚓生长活动几天后，观察到料床表层已粪化时，即将新饵料撒在原饵料上面，约5～10厘米厚，蚯蚓在新饵料层活动并采食，经数次补料后即形成饵料床。上投法的优点是便于观察饵料粪化情况，投饵方便，清除粪便方便；缺点是新料中的水分渗入原料层内，造成底部水分过大，湿度也较大，而且数次投料后会导致蚯蚓被埋于深处，不利于蚯蚓的增殖。改进的方法是：定期翻动饵料床并清除出蚯蚓粪便。

（2）下投法　此法是将新料铺入养殖床内部，用此法补料，将原饵料从饵料床移开，将新饵料铺设在原来的床位内，再将原饵料（连同蚯蚓、蚓茧）一起铺设在新料上。保留一个新床位，在补料时，采用一翻一的作业方法逐个翻床投喂。此法优点是原饵料在上部，有利于蚓茧及时孵化，促进蚯蚓增殖；缺点是新饵料在下部，采食不均匀，造成饵料浪费。

（3）侧投法　此法适用于将蚯蚓种引诱出，使成蚓、茧和幼体分开，养成与孵化分开进行。当原饵料床内已存在大量蚓茧和幼小蚯蚓时，或原饵料床已堆积成一定高度且大部分已经粪化时，可作侧投法将蚯蚓诱出。目前生产主要用侧投法进行投饲。

七、收获

在芋、鳝、蚯蚓三者混养的模式中，对蚯蚓是不需要收获的，它基本上就能被黄鳝捕食干净，到了秋季湿度不适宜培育蚯蚓时，黄鳝也基本上很少摄食了，池里也就没有蚯蚓了。

水芋的收获时间，因品种、地区以及收获目的不同而有一定的差别，但是在此混养模式中，建议在9月下旬收获，有时也可以推迟到霜降前后再收获。此时的产量高，质量好，每平方米可收获水芋 4 千克左右。

黄鳝的收获是在水芋收获后进行，也可能利用专用养殖池的优势，进行适当的囤养与育肥。在价格适宜时，将整个池子的泥土翻一遍，就可以将黄鳝捕捞干净了。

第三节　竹制鳝巢生态养殖黄鳝

这是根据黄鳝喜欢穴居的习性，人为地利用楠竹来制成巢穴供黄鳝栖居，从而达到生态养殖的目的。这种养殖模式具有水质管理方便、排污效果好的优点，同时也便于观察和防治鳝病。

一、鳝池建设

鳝池采用水泥池，长方形，东西向，面积不限，一般控制在 30 米^2 以内为宜，可采用 12 米×3 米的规格。池壁高 80 厘米，确保水泥池里的水位保持在 50 厘米左右，高温期间水位不能低于 60 厘米。在池子的上方砌有反檐防逃设施，池底可铺一层 3 厘米厚的混凝土，池水 pH 为 6.5～7。水质良好无污染，要求符合渔业生产用水质标准，注排水设施齐全。

二、竹巢制作

竹巢制作是此生态养殖模式中最关键的一环，可将楠竹锯成 2 米长一段，打通竹的两头竹节，中间是长节的在其一端锯一洞口，短节的在两节间锯一洞口，使两节各有一洞口。洞口视竹粗细和鳝体而定，但要求适当大一些为好。这种制作好的竹巢就是黄鳝穴居的场所。

三、竹巢的设置

竹巢的设置是有讲究的，设置好了，不但能减少黄鳝体能的消耗，而且能促进其生长速度加快。

将竹巢排在竹竿顺水流方向，每两排竹子相靠而置，洞口方向向相反的两边或都朝上。全池共设 5 排竹巢，每排间距 20 厘米左右，每排竹巢下垫长 15.5 米竹竿 2 根，一头 1 根，与竹巢相垂直，竹竿两端用砖 1～2 块平搁。这样，竹巢下面有一定的空间，便于流水排污。

四、鳝种放养

鳝种放养和平常养殖黄鳝是一样的，在 6 月下旬选择由鳝笼捕捉的黄鳝作种苗，一般是每平方米放养 4～5 千克，黄鳝苗大小以每千克 50～80 条为宜，太小摄食力差，成活率也低。放养时进行体外消毒，可用 3% 食盐水溶液浸洗黄鳝 10 分钟。

五、科学投喂

采用这种养殖模式，可以有效地提高饲料利用率，有利于科学安排喂养。在投喂的过程中，还要根据黄鳝的生长情况和池内密度情况，主要投喂黄鳝专用配合饲料，可采用四定四看的投饵方法进行投喂。在投饵前用 1 周左右的时间进行驯食后，效果会更好。

六、起捕

这种养殖模式的起捕非常方便，只须将竹巢拎起来就可以将黄鳝全部捕捞干净，能大大减轻劳动强度。

第四节 莲藕与黄鳝立体养殖

一、混养优点

莲藕性喜向阳温暖环境，喜肥、喜水，在种植莲藕的池塘中混养黄鳝，不但可以增加收入，还可以改善田间生态环境，改良池塘底质和水质，为黄鳝提供良好的生态环境，有利于黄鳝健康生长。另外，莲藕本身需肥量大，增施有机肥可减轻藕身附着的红褐色锈斑，同时可使水体产生大量浮游生物，使田块植藕年限延长，藕的品质提高，病虫危害减少。

黄鳝是杂食性的，一方面它能够捕食水中的浮游生物和害虫，另一方面也需要人工喂食大量饵料，它排泄出的粪便大大提高了池塘的肥力，鳝藕之间形成了互利关系，可以提高莲藕产量15%以上。

二、藕池的准备

藕池养黄鳝，池塘要求选择光照好，背风向阳，水深适宜，水源充足，水质良好，严禁工业污水流入养殖黄鳝的藕池，另外还要求藕池排灌方便和抗洪抗旱能力较强。水的pH值6.5～8.5，溶氧不低于4毫克/升，没有工业废水污染，注排水方便，土层较厚，保水保肥性强，洪水不淹没，干旱时不缺水。面积3～5亩为宜，不可太大，平均水深1.2米，东西向为好。

三、工程建设

2月份开始藕田建设，藕池的工程建设主要有两方面，即加固池埂和建设进排水口的栅栏设施。藕池在施肥后要整平，10天以后淤泥泥质变硬时就可以在四周开挖围沟、鱼坑，目的是在高温、藕池浅灌、追肥时为黄鳝提供藏身之地及投喂和观察其吃食、活动情况。围沟挖成"田"字形或"目"字形，沟宽50～60厘米，深30～40厘米，在围沟交叉处或藕田四周适当挖几个鱼坑，坑深0.8～1米，每个坑池面积10米^{2}左右，呈"井"字形并与围沟和坑池相通，沟、坑面积占藕田面积的15％～20％。开挖沟、坑所取出的泥土用来加高、加宽、加固、夯实池埂，确保池埂高出水面50厘米，埂宽30厘米。沟、坑内设置若干管子、竹筒、砖隙等作鱼巢。为了防止黄鳝逃逸，在池子的进、排水口应安装上聚乙烯拦网，用40目的网安置在池子内侧，同时用硬质塑料薄膜埋入土中20厘米，土上露出50厘米即可。

四、消毒施肥

藕发芽前，每亩用70千克新鲜生石灰清田。将生石灰化水后全池泼洒，杀灭塘内野杂鱼和病原物。

种藕前15～20天，每亩撒施发酵鸡粪等有机肥800～1000千克，耕翻耙平，注水30厘米深，以繁殖大型浮游生物，供鳝种摄食。排藕后分两次追肥，第一次在藕莲生出6～7片荷叶正进入旺盛生长期时，第二次于结藕开始时，称为施催藕肥。一般第一次追肥多在排藕后25天左右，有1～2片立叶时亩施人粪尿1000～1500克；第二次追肥多在栽藕后 40～50 天，芒种前后有 2～3 片立叶，并开始分枝时亩施人粪尿 1500～2000 千克。如二次追肥后生长仍不旺盛，半月后即在夏至前再追肥一次，夏至后停止追肥。施肥应选晴朗无风的天气，不可在烈日曝晒的中午进行。每次施肥前应放浅田水，让肥料吸入土中，然后再灌至原来的深度。追肥后泼浇清水冲洗荷叶，如肥不足，可追硫酸铵每亩 15 千克。

五、选择优良种藕

种藕应选择优良品种，如慢藕、湖藕、鄂莲二号、鄂莲四号、海南洲、武莲二号、莲香一号等。种藕一般是临近栽植才挖起，需要选择具有本品种的特性，最好是有 3～4 节以上，子藕、孙藕齐全的全藕，要求粗壮、芽旺、无病虫害、无损伤。

六、排藕技术

莲藕下塘时宜采取随挖、随选、随栽的方法，也可实行催芽后栽植。排藕时，行距 2～3 米，穴距 1.5～2 米，每穴排种藕或子藕 2 枝，每亩需种藕 60～150 千克。

栽植时分平栽和斜栽。深度以种藕不浮漂和不动摇为度。藕头入土的深度 10～12 厘米。斜插时，把藕节翘起20～30 度，以利吸收阳光，提高地温，提早发芽，要确保荷叶覆盖面积约占全池 50%，不可过密。

七、藕池水位调节

莲藕适宜的生长温度是 21～25℃。因此，藕池的管理，主要通过放水深浅来调节温度。排藕 10 余天到萌芽期，水深保持在 8～10 厘米，以后随着分枝和立叶的旺盛生长，水深逐渐加深到 25 厘米。采收前 1 个月，水深再次降低到 8～10 厘米。水过深要及时排除。

八、黄鳝放养

在放养前 7～10 天，每平方米用生石灰 200 克进行清塘消毒，杀灭病虫害。清塘 10 天后，培养水质，放养鳝种。

在莲藕池中放养黄鳝，放养时间及放养技巧是有讲究的。一般在藕成活且长出第一片叶后放鳝种，为了提高饲养商品率，放养的鳝种规格要大一些。鳝种选择用笼捕的野生黄鳝，要求无伤无病、体色光亮、黏液丰富、游动活泼、规格整齐（一般尾重 15～20 克）、体色发黄或棕红色带斑点的苗种。鳝种下塘前用 3％食盐水浸泡 5～10 分钟，或在 20 毫克/升漂白粉溶液中洗浴 20 分钟后，连水带鳝倒入塘内饲养，以杀灭体表病菌及寄生虫，同时每亩搭配投放鲫鱼种 80 尾、鳙鱼种 100 尾，规格为每尾 50 克左右。放养时做好"试水"工作，并保证温差不太大，切勿用冷水冲洗鳝种，以防黄鳝"感冒"而影响成活率。放养量依据品种规格及塘口条件而定，每平方米放养平均尾重 20 克的鳝种 80 尾，并套养 5％的泥鳅。泥鳅上下串游增加了水体溶氧，也防止了黄鳝相互缠绕。对于池水较浅的藕池，可适当增加泥鳅的放养比例。养殖池有微流水条件时，则可多放，流速在 0.8 米^3/秒左右，流速太大容易造成黄鳝逆水游泳，消耗体力。忌投放肉食性的品种，以免与黄鳝争夺饵料而相互残杀。

九、黄鳝投饵

黄鳝主食蚯蚓、蝌蚪、小鱼等，从自然环境中捕获的鳝种，由于不适应人工饲养的环境，开始一般不肯吃人工投喂的饵料，必须经过一段时间的驯化过程，否则会导致养殖失败。具体方法是：鳝种放养 3～4 天内先不投喂，然后将池水排干，再加注新水，此时黄鳝处于饥饿状态，就可在晚上进行引食。引食饵料采用黄鳝最喜食的小鱼、蚯蚓、蛆等，将这些饵料切碎，分成几小堆，放在靠近进水口处，并适当进水，人为造成微流水状态；第一次的投喂量为黄鳝总重量的 1%～2%，次日早上检查，如果全部吃光，第二天的投喂量增加到黄鳝总重量的 2%～3%；这样渐渐增加投喂量，在水温 20～24℃时一般投喂量可增加到体重的 3%～5%。待黄鳝吃食正常后，采用其他来源比较丰富的人工饲料，如蚕蛹、蝇蛆、煮熟的动物内脏和麸皮、米糠、瓜皮等。第一次添加的人工饲料占引食总量的 1/5，以后逐渐增加，有条件的最好投喂配合饲料。根据黄鳝昼伏夜出的生活习性，初养阶段，可在傍晚投饵，以后逐渐提早投饵时间，经过 1～2 周的驯化，即可形成每日上午 9 时、下午 14 时、傍晚 18 时的集群摄食习惯。每次投喂根据天气、水温、黄鳝吃食和活动情况及残饵多少灵活掌握，一般为其体重的 5%左右。黄鳝是以肉食性为主的杂食性鱼类，为提高产量，增加效益，在养殖过程中，5～7 天投喂一次鲜活饵料，投喂量占总量的 30%～50%。把活饵放入进、排水沟，让黄鳝自由采食，并搭配一些麦麸等。生长旺期也可投喂一些蛋白质含量较高的配合饵料，主要成分是豆粕、麦麸、玉米、血粉、鱼粉、饲料添加剂等，粗蛋白含量 34％左右。饲料为浮性，粒径 2～5 毫米，将饲料定点投在饲料台上，分多点投喂，以确保黄鳝均匀摄食。动物性饵料一次不可投喂太多，以免败坏水质。夏季要勤检查食物，捞出剩饵，剔除病鳝。高温季节加深水位 20 厘米左右，以利于黄鳝生长。浮萍、小鱼、蝇蛆、蚯蚓、昆虫等是黄鳝的优质天然饵料，可以培养或采集来投喂。泥鳅主要摄食黄鳝残留饲料、粪便及田中天然饲料。

十、巡视藕池

对藕池进行巡视是藕、鳝混养过程中的基本工作之一，只有经过巡池才能及时发现问题，并根据具体情况及时采取相应措施，故必须坚持每天早、中、晚各巡池 1 次。

巡池的主要内容：检查田埂有无洞穴或塌陷，一旦发现应及时堵塞或修整；严防水蛇、田鼠、家禽等进入藕田；检查水位，始终保持适当的水位；在投喂时注意观察鳝的吃食情况，相应增加或减少投量；防治疾病，经常检查藕的叶片、叶柄是否正常，结合投喂、施肥观察鳝的活动情况，及早发现疾病，对症下药；同时要加强防毒、防盗的管理；也要保证环境安静。

十一、施肥

在确保黄鳝和泥鳅安全的前提下，允许浓度合理的施肥。藕池的施肥，应以基肥为主，占 70％，每亩用有机肥 150 千克，适当搭配化肥。夏季以施无机肥为主，每亩用碳酸氢铵 20 千克、过磷酸钙 20 千克。使用肥料时要注意气温低时多施，气温高时少施。秋季及时摘去过多的浮叶和衰老的早生叶，以保持藕池通风透气。此时每亩藕池追施发酵腐熟的有机肥 50～100 千克。

十二、水位调控

初期，灌注新水以扶苗活棵；随着气温不断升高，后期要及时加深水层，利于莲藕的正常光合作用和黄鳝生长。生长期间，5～7 天换注新水一次，每次换水量占总量的 20%，并加高水位 10 厘米。6 月初水位升至最高，达到 1.2～1.5 米。7～9 月，每 15 天换水 10 厘米，平时每 15 天左右向池中泼洒一次生石灰水，用量每平方米 10～15 克。在闷热的夏天，要特别注意黄鳝的活动变化，适时调节水质、水位。夏天天气特别闷热、暴雨将至时，黄鳝会纷纷竖直身体，将头伸出水面，这时应一边加注新水一边适当排水，以增加水体溶氧，避免黄鳝发生伤亡。暴雨后及时排水，防止黄鳝随水外溢而逃跑。

十三、防病

在莲藕池中混养黄鳝，因放养密度小，黄鳝疾病不是太严重，可以采取以下防病措施：一是在藕田放养部分蟾蜍，利用其分泌的蟾酥抑菌，达到防病目的；二是水蛭较多的藕田，采用石灰水泼洒和猪血诱捕加以控制；三是保证饲料清洁新鲜，定期在饲料中添加保肝宁、利骨散、大蒜等，以增强黄鳝抗病力；四是使用内服药物，每半个月喂含 0.2% 土霉素的药饵 3 天。

莲藕的虫害主要是蚜虫，可用 40% 乐果乳油 1000～1500 倍液或 50% 抗蚜威 200 倍液喷雾防治。病害主要是腐败病，应实行 2～3 年的轮作换茬，在发病初期可用50％多菌灵可湿性粉剂 600 倍液加 75％百菌清可湿性粉剂 600 倍液喷洒防治。

十四、适时捕捞

黄鳝的捕捞在 11 月下旬开始，可采用鳝笼诱捕的方法进行捕大留小，最后干塘捕净。先将一个池角的泥土清出塘外，然后用双手依次逐块翻泥捕鳝，同时采收莲藕。

第五节　黄鳝与茭白立体混养

一、池塘选择

选择通风、透光、向阳、水源充足、无污染、排污方便、进排水方便、保水力强、土壤保水性能良好、耕层深厚、肥力中上等、面积在 1 亩以上的池塘，种植茭白，养殖黄鳝。

二、鱼坑修建

在建造田块前，先要平整田地，沿埂内四周开挖宽1.5～2.0 米、深 0.5～0.8 米的环形沟或围沟，池塘较大的中间还要适当的开挖中间沟或横沟，中间沟宽 0.5～1米，深 0.5 米，田中央再挖一条宽 1.0 米、深 0.3 米的纵沟。环形沟和中间沟内投放用轮叶黑藻、眼子菜、苦草、菹草等沉水性植物制作的草堆，塘边角还用竹子固定浮植少量漂浮性植物，如水葫芦、浮萍等。鱼坑开挖的时间为冬春茭白移栽结束后，总面积占池塘总面积的 8％，每个鱼坑面积最大不超过 200 米^2。可均匀地多开挖几个鱼坑，开挖深度为 1.2～1.5 米，开挖位置选择在池塘中部或进水口处，鱼坑的其中一边靠近池埂，以便于投喂和管理。开挖鱼坑的目的是：在施用化肥、农药时，让黄鳝集中在鱼坑避害，在夏季水温较高时，黄鳝可在鱼坑中避暑；方便定点在鱼坑中投喂饲料，饲料投入鱼坑中，也便于检查黄鳝的摄食、活动及鳝病情况；鱼坑亦可作防旱蓄水之用等。新挖出的泥土作加高加固池埂用；池埂高出田面 0.5 米，作防逃墙；内埂侧用石灰混合土夯实，不渗水。

三、防逃设施

防逃设施简单，用硬质塑料薄膜埋入土中 20 厘米，土上露出 50 厘米即可。另外，在放养黄鳝前，要将池塘进排水口安装网栏设施。进排水口最好用密眼铁丝网罩好，预防鳝逃。

四、施肥

每年的 2～3 月，在翻耕、曝晒、粉碎泥土后，种茭白前施底肥，可用腐熟的猪、牛粪和绿肥 1500 千克/亩、钙镁磷肥 20 千克/亩、复合肥 30 千克/亩或过磷酸钙 40 千克均匀撒于土壤表层作基肥。翻入土层内，耙平耙细，肥泥整合，即可移栽茭白苗。4 月中旬，向四周排水沟和横沟、纵沟内施 80～100 千克熟鸡粪，注水深 0.3 米，繁殖浮游生物供刚入田的鳝种摄食。

五、选好茭白种苗

在 9 月中旬至 10 月初，于秋茭采收时进行选种，选择产量高、品质优、抗涝性强的优质茭白种,以浙茭 2 号、浙茭 911、浙茭 991、大苗茭、软尾茭、中介壳、一点红、象牙茭、寒头茭、梭子茭、小腊茭、中腊台、两头早为主。选择植株健壮、高度中等、茎秆扁平、纯度高的优质茭株作为留种株。

六、适时移栽茭白

茭白用无性繁殖法种植,长江流域于 4～5 月间选择那些生长整齐、茭白粗壮洁白、分蘖多的植株作种株。用根茎分蘖苗切墩移栽,母墩萌芽高 33～40 厘米时,茭白有 3～4 片真叶。将茭墩挖起,用利刀顺分蘖处劈开成数小墩,每墩带匍匐茎和健壮分蘖芽 4～6 个,剪去叶片,保留叶鞘长 16～26 厘米,减少蒸发,以利提早成活,随挖、随分、随栽。株行距按栽植时期、分墩苗数和采收次数而定,双季茭采用大小行种植,大行行距 1 米,小行 80 厘米,穴距 50～65 厘米,每亩 1000～1200 穴,每穴 6～7 苗。栽植方式以 45 度角斜插为好,深度以根茎和分蘖基部入土,而分蘖苗芽稍露水面为度。定植 3～4 天后检查一次,栽植过深的苗,稍提高使之浅些,栽植过浅的苗宜再压下使之深些,并做好补苗工作,确保全苗。

七、放养黄鳝

在茭白苗移栽前 10 天,对鱼坑进行消毒处理。新建的鱼坑,一定要先用清水浸泡 7～10 天后,再换新鲜的水继续浸泡 7 天后才能放鳝种。

可从市场上选购用笼捕的野生鳝种,或选择人工培养的鳝种。鳝种须无病无伤，游动活泼，规格整齐，体色为黄色或棕红色。一般每亩放规格为每千克 20～30 尾的鳝种 600～800 尾，如饲料来源充足、水质条件好，可增加到 1000 尾。鳝种入田前最好用浓度为 4 毫克/千克的高锰酸钾溶液浸泡 10～15 分钟或用 3‰食盐水浸泡 5～10 分钟，或在 20 毫克/升漂白粉中洗浴 20 分钟后再入池饲养，防止黄鳝体表带病菌入田。同时，鳝种下塘前每亩放鲢、鳙鱼各 50 尾，每亩可加放泥鳅种 100～200 尾，不仅可增加水中溶氧，更能防止黄鳝互相缠绕。

八、科学管理

1. 水质管理

茭白田间水域是茭白和黄鳝共同的生活环境。在茭白田间套养黄鳝，池塘的水位管理主要根据茭白生长发育特性而定，兼顾黄鳝生活习性灵活掌握，以"浅—深—浅"为原则。萌芽前灌浅水 15 厘米，以提高土温，促进萌发，扶苗活棵；栽后促进成活，保持水深 25～30 厘米；分蘖前仍宜浅水 40 厘米，促进分蘖和发根；至分蘖后期，加深至 60～80 厘米，这样不仅有利于黄鳝生长发育，也可控制无效分蘖。7～8 月高温期宜保持水深 80～100 厘米，并做到经常换水降温，以减少病虫危害。

养殖期间，为了确保田水肥爽活嫩，溶氧充足，一般 5～7 天更换新水 1 次，每次换水量 1/4～1/3，并加高水位 10～15 厘米，保持水质优良。每遇天气闷热时，如发现黄鳝把身体竖直水中，有时把头伸出水面，说明该水体已有严重缺氧现象，必须及时加注新水增氧。雨季宜注意排水，在每次追肥前后几天，需放干或保持浅水，待肥吸收入土后再恢复到原来水位。每半个月投放一次水草，沿田边环形沟和田间沟多点堆放。

2. 科学投喂

黄鳝喜摄取活饵，每周投喂一次小鱼、小虾、螺、蚌等，投喂量为黄鳝重量的15％～20％。投喂时把活小鱼、小虾、螺蛳一起放入田间丰产沟与排水沟等处，一方面让黄鳝自由采食，为鳝鱼提供活饵，另一方面让所投的活饵在田中继续生长繁衍。

根据季节也要辅喂蛋白质含量在30％以上的精料，还要适当搭配投喂一些植物性饲料，如麦麸、米饭、瓜果、蔬菜、菜饼、豆渣、麦麸皮、米糠、蚯蚓、蝇蛆、鱼用颗粒料和其他水生动物等。可投喂自制混合饲料或者购买养殖黄鳝专用饲料，也可投喂一些动物性饲料如螺蚌肉、鱼肉、蚯蚓或捞取的枝角类、桡足类、动物屠宰厂的下脚料等，沿田边四周浅水区定点多点投喂，确保所有的鳝种摄食均匀。投喂量一般为鳝鱼体重的5％～10％，采取"四定"投喂法，傍晚投料要占全日量的70％。每天投喂两次饲料，早8～9时投喂一次，傍晚18～19时投喂一次，以保证黄鳝有充足的饲料。每次投饲前一定要把剩余的残饲捞除，以免污染水质。

3. 科学施肥

茭白植株高大，需肥量大，应重施有机肥作基肥。基肥常用人畜粪、绿肥，追肥多用化肥，宜少量多次，可选用尿素、复合肥、钾肥等，禁用碳酸氢铵，有机肥应占总肥量的70％。基肥在茭白移植前深施；追肥应采用"重、轻、重"的原则。具体施肥可分四个步骤：在栽植后10～15天左右，茭株已长出新根成活，施第一次追肥，每亩施人粪尿肥 500 千克或施尿 5～6 千克，称为提苗肥；第二次在分蘖初期每亩施人粪尿肥 1000 千克或施粉碎的豆饼 50 千克（这时施下的豆饼，既可作茭白催苗肥料，也可作黄鳝的植物性饲料），以促进生长和分蘖，称为分蘖肥；第三次追肥在分蘖盛期，如植株长势较弱，适当追施尿素每亩 5～10 千克，称为调节肥（如植株长势旺盛，可免施追肥）；第四次追肥在孕茭始期，每亩施腐熟粪肥 1500～2000 千克或施尿素 7～8 千克，称为催茭肥。

4. 科学用药

黄鳝套养在茭白田间水体里，由于茭白是净化水质的，可为黄鳝生长发育创造良好的生态环境，加之黄鳝本身抗病力极强，故不易患病。平时，在养殖期间每隔15～20 天向田间水体泼洒一次生石灰或漂白粉，用量为每立方米水体用生石灰 10 克或用漂白粉 2 克即可。在生产季节，如发现病鳝，要及时治疗，必须做到"无病先防，有病早治"。

对于茭白的用药，应对症选用高效低毒、低残留、对混养的黄鳝没有影响的农药，如杀虫双、叶蝉散、乐果、敌百虫、井冈霉素、多菌灵等。禁用除草剂及毒性较大的呋喃丹、杀螟松、除草剂、三唑磷、毒杀酚、波尔多液、五氯酚钠等，慎用稻瘟净、马拉硫磷。粉剂农药在露水未干前使用，水剂农药在露水干后喷洒。施药后及时换注新水，严禁在中午高温时喷药。

孕茭期虫害有大螟、二化螟、长绿飞虱，应在害虫幼龄期，每亩用 50%杀螟松乳油 100 克加水 75～100 千克泼浇，或用 90%敌百虫和 40%乐果 1000 倍液在剥除老叶后，逐棵用药灌心。立秋后发生蚜虫、叶蝉和蓟马，可用40％乐果乳剂1000倍、10％叶蝉散可湿性粉剂200～300克加水50～75千克喷洒，茭白锈病可用1：800倍敌锈钠喷洒，效果良好。

5. 除草打叶

在生态混养期间要除草两次，第一次在栽后20天，第二次在植株封行前。8月中旬在不损伤植株的前提下，剥去茭白的枯黄病叶，以利田间通风透光和黄鳝生长发育，并注意将剥去的叶片带出田间处理。

九、茭白采收

茭白按采收季节可分为一熟茭和两熟茭。一熟茭，又称单季茭，在秋季日照变短后才能孕茭，每年只在秋季采收一次。春种的一熟茭栽培早，每墩苗数多，采收期也早，一般在8月下旬至9月下旬采收。夏种的一熟茭一般在9月下旬开始采收，11月下旬采收结束。茭白成熟采收标准是，随着基部老叶逐渐枯黄，心叶逐渐缩短，叶色转淡，假茎中部逐渐膨大和变扁，叶鞘被挤向左右，当假茎露出1～2厘米的洁白茭肉时，称为"露白"，为采收最适宜时期。夏茭孕茭时，气温较高，假茎膨大速度较快，从开始孕茭至可采收，一般需7～10天。秋茭孕茭时，气温较低，假茎膨大速度较慢，从开始孕茭至可采收，一般需要14～18天。但是不同品种孕茭至采收期所经历的时间有差异。茭白一般采取分批采收，每隔3～4天采收一次。每次采收都要将老叶剥掉。采收茭白后，应该用手把墩内的烂泥培上植株茎部，既可促进分蘖和生长，又可使茭白幼嫩而洁白。

十、黄鳝收获

5月开始可用地笼捕捞黄鳝，将地笼固定放置在茭白塘中，每天早晨将进入地笼的黄鳝收取上市，直至6月底可放干茭白塘的水，彻底收获。为了提高经济收入，要加强越冬管理，把池水放干，在田面上铺一层稻草或麦秸、茭白枯叶，以保持泥土湿润和土层中的温度，达到保湿防冻的目的。同时要防止鼠和猫类侵入而危害鳝苗，待春节前后出售。

第六节　黄鳝与慈姑生态混养

一、生态混养的原理

慈姑又叫剪刀草、燕尾草、茨菰、茨菇，性喜温暖的水温，不耐霜冻和干旱，原产于我国东南地区，南方各省均有栽培，以珠江三角洲及太湖沿岸最多。慈姑株高80厘米左右，既是一种蔬菜，也是水生动物的一种良好饲料。它的种植时间和黄鳝的养殖时间几乎一致，可以为黄鳝的生长起到水草所有的作用。慈姑田套养黄鳝，黄鳝摄食水生昆虫及幼虫，既有利于慈姑生长，又可收获一定数量的黄鳝，提高慈姑田产出率、综合经济效益，在生态效益上也是互惠互利的。在许多慈姑种植地区已经开始把慈姑和黄鳝的混养作为当地主要的种养方式之一，取得了明显的效果。

二、慈姑栽培季节

慈姑在14℃以上开始萌芽，15～16℃抽生叶片，

23～26℃时，抽生叶片速度快，叶片大。球茎形成期温度在20℃以下，有利于形成硕大的球茎。14℃以下时，新叶停止抽生。8℃以下或遇霜时，植株地上部枯死。慈姑球茎形成期需要短日照、阳光充足方能促进球茎形成。根据慈姑的这些生物学特性，一般在3月育苗，苗期40～50天，6月假植，8月定植，定植适期为寒露至霜降，12月至翌年2月采收。

三、慈姑品种的选择

生产中一般选用青紫皮或黄白皮等早熟、高产、质优的慈姑品种。主要有广东白肉慈姑、沙菇，浙江海盐沈荡慈姑，江苏宝应刮老乌（又叫紫圆）和苏州黄（又叫白衣），广西桂林白慈姑、梧州慈姑等。

四、慈姑田的处理

慈姑田的大小以2～5亩为宜，要求水源充足、水质良好、排灌方便，进排水要分开，进排水口可用60目的网布扎好，以防黄鳝从水口逃逸以及外源性敌害生物侵入。宜选择耕作层20～40厘米，土壤软烂、疏松、肥沃，含有机质多的水田栽培。最好是长方形，在田块周围按稻田养殖的方式开挖环形沟和中央沟，沟宽0.5米，深75厘米，沟沟相通，沟系占田面积8%～10%。开挖的泥土除了用于加固池埂外，主要是放在离沟5米左右的田地中，做成一条条的小埂，小埂宽30厘米即可，长度不限。田埂要高出田面0.5米，宽0.4米以上，夯实，并在进排水口用密眼铁丝网罩好。田内除了小埂外，其他部位要平整，方便慈姑的种植。另外，养殖田块要通风、透光，溶氧要保持在 5 毫克/升。

五、培育壮苗

慈姑以球茎繁殖，各地都进行育苗移栽。按利用球茎部位不同分为两种：一种是以球茎顶穿；另一种是用整个球茎进行育苗。一般生产上都是利用整个球茎或球茎上的顶芽进行繁殖。无论采用哪种繁殖方法，都要选用成熟、肥大端正、具有本品种特性、枯芽粗短而弯曲的球茎作种。

3 月中旬选择背风向阳的田块作育苗床，曝晒、粉碎泥土后，亩施腐熟厩肥 1000 千克作基肥，耙平，按东西向做成宽 1 米的高畦，浇水湿润床土。

取出留种球茎的顶芽，用窝席圈好，或放入箩筐内，上覆湿稻草，干时洒水，晴天置于阳光下取暖，保持温度在 15℃以上，经 12 天左右出芽后，即可播芽育苗。4 月中旬播种育苗，选用球茎较大、顶芽粗细在 0.5 厘米以上的作种，将顶芽带球茎切下，栽于秧田，插播规格可取 10 厘米×10 厘米。此时要将芽的 1/3 或 1/2 插入土中，以免秧苗浮起。插顶芽后水深保持 2～4 厘米，约 10～15 天后开始发芽生根。顶芽发芽生根后长成幼苗，在幼苗长出 2～3 片叶时，适当追施稀薄腐熟人粪尿或化肥 1～2 次，促使慈姑苗生长健壮整齐。40～50 天后，具有 3～4 片真叶、苗高 26～30 厘米时，就可移栽定植到大田了。每亩用顶芽 10 千克，可供 15 亩大田栽插之用。

六、定植

慈姑忌连作，一般 3～4 年轮作一次。栽培地应选择在水质洁净、无污染源、排灌方便、富含有机质的黏壤土水田种植，深翻约 20 厘米。每亩施腐熟的有机肥 1500 千克，并配合草木灰 100 千克、过磷酸钙 25 千克为基肥，翻耕耙平，灌浅水后即可种植。按株行距 40 厘米×50 厘米、每亩 4000～5000 株的要求定植。栽植前，连根拔起秧苗，保留中心嫩叶 2～3 片，摘除外围叶片，仅留叶柄，以免种苗栽后头重脚轻，遇风雨吹打而浮于水面。栽时用手捏住顶芽基部，将秧苗根部插入土中约 10 厘米，使顶芽向上，深度以使顶芽刚刚稳入土中为宜，过深发育不良，过浅易受风吹摇动。填平根旁空隙，保持 3 厘米水深，同时田边栽植预备苗，以补缺。

七、肥水管理

养黄鳝的慈姑田生长期以保持浅水层 20 厘米为宜，既防干旱茎叶落黄，又要尽可能满足黄鳝的生长需求。水位调控以"浅－深－浅"为原则，前期苗小，应灌浅水 5 厘米左右；中期生长旺盛，应适当灌深水 30 厘米，并注意勤换清凉新鲜水，以降温防病为原则；后期气温逐渐下降，葡萄茎又大量抽生，是结姑期，应维持田面 5 厘米浅水层，以利结姑。

慈姑以基肥为主，追肥为辅。追肥应根据植株生长情况而定，前期以氮肥为主，促进茎叶生长，后期增施磷、钾肥，利于球茎膨大。一般在定植后 10 天左右追第一次肥，亩施腐熟人粪尿 500 千克或尿素 7 千克，逐株离茎头 10 厘米旁边点施，或点施 45％三元复合肥，可生长更快。播植后 20 天结合中耕除草，在植后 40 天进行第二次追肥，亩施腐熟人粪尿 400 千克，或亩撒施尿素 10 千克、草木灰 100 千克，或花生麸 70 千克，以促株叶青绿，球茎膨大。第三次追肥在立冬至小雪前施下，称"壮尾肥"，促慈姑快速结姑。每亩施腐熟人粪尿 400 千克，或尿素 8 千克、硫酸钾 16 千克撒施，或 45％三元复合肥 35 千克。第四次在霜降前重施壮姑肥，每亩用尿粪 10 千克和硫酸钾 25 千克混匀施下，或施 45％三元复合肥 50 千克。这次追肥要快，不要拖迟，太迟施会导致后期慢生，达不到壮姑作用。

八、除草、剥叶、圈根、压顶芽头

从慈姑栽植至霜降前要耘田、除杂草 2～3 次。在耘田除草时，要结合进行剥叶（即剥除植株外围的黄叶，只留中心绿叶 5～6 片），以改善通风透光条件，减少病虫害发生。

圈根是指在霜降前后 3 天，在距植株 6～9 厘米处，用刀或用手插于土中 10 厘米，转割一圈，把老根和匍匐茎割断。目的是使养分集中，促新葡萄茎生长，促球茎膨大，提高产量和质量。

如果慈姑种植过迟，不宜圈根，应用压顶芽头方式。压头是在 10 月下旬霜降前后进行，把伸出泥面的分株幼苗，用手斜压入泥中 10 厘米深处，以压制地上部生长，促地下部膨大成大球茎。

九、黄鳝放养前的准备工作

1. 清池消毒

方法与剂量同前文。

2. 防逃设施

为了防止黄鳝在下雨天或因其他原因逃逸，防逃设施是必不可少的，根据经验，只要在放鳝种前 2 天做好就行，材料多样，可以就地取材，田埂内坡覆盖地膜，以防田埂开裂渗漏、滑坡。不过最经济实用的还是用 60 厘米的纱窗埋在埂上，入土 15 厘米，在纱窗上端缝一宽 30 厘米的硬质塑料薄膜就可以了。有条件的农户应在田埂四周插上木板或钙塑板（入泥 30 厘米），用以防逃；也可用砖砌墙，用水泥抹面，以防鳝打洞逃逸。另外，进排水口对角设置，出水管绑 40 目筛绢过滤袋，排水口安装密眼铁丝网制成的拦鱼栅。

3. 水草种植

在有慈姑的区域里不需要种植水草，但是在环形沟里还是需要种植水草的，这些水草对于黄鳝度过盛夏高温季节是非常有帮助的。水草品种优选轮叶黑藻、马来眼子菜和光叶眼子菜，其次可选择苦草和伊乐藻，也可用水花生和空心菜。水草种植面积宜占整个环形沟面积的 40% 左右。

4. 施肥培水

在鳝种放养前 1 周左右，在鱼沟内亩施经腐熟的有机肥 200 千克，注水深 0.3 米，用来培育浮游生物供黄鳝取食。

十、鳝苗放养

慈姑移栽活蔸后才可放养鳝苗。鳝苗应无病无伤，游动活泼，规格整齐，体色为黄色或棕红色。待追施的化肥全部沉淀后，可用小网箱先放 20～30 尾幼鳝进行"试水"，在确定水质安全后再放苗。一般每亩放养尾重 30～50 克的鳝苗 800～1000 尾，并套养 5% 的泥鳅，以增加水中溶氧，并防止黄鳝相互缠绕。放苗时温差不能过大，切勿用冷水冲洗鳝苗，以免黄鳝患"感冒"。入田前，鳝苗用3%～5%食盐水浸泡3～5分钟，或用1.5毫克/升漂白粉溶液进行浸洗，在水温10～15℃时浸洗15～20分钟，杀灭体表病菌及寄生虫。

十一、饲养管理

1. 饲料投喂

在黄鳝养殖期间，黄鳝虽可以利用慈姑的老叶、浮游生物和部分水草，但还是要投喂饲料的。投喂饲料一次不宜投喂太多，以免败坏水质。夏季要经常检查食场，捞掉剩食，剔除病鳝。黄鳝是以肉食性为主的杂食性鱼类，特别喜食鲜活饵料，如小鱼、蚯蚓、蝇蛆、水生昆虫等。5～7天投喂一次，将活体饵料直接投入进排水沟，让黄鳝自由采食，并搭配一些蔬菜、麦麸等。生长期间也可投喂一些蛋白质较高的配合饲料，分多点投喂，以利于均匀摄食。根据黄鳝昼伏夜出的生活习性，初养阶段，可在傍晚投喂，以后逐渐提早时间，经过1～2周的驯养，即可形成每日上午9时、下午14时、晚上18时分3次摄食的习惯。投喂时间要根据天气、水温及残食多少灵活掌握。

2. 池水调节

放养的幼鳝入池后，池水调节应根据水生慈姑生长需要兼顾黄鳝生活习性进行。初期，灌注新水保持10厘米以上，此时慈姑已长至20厘米以上；水温逐渐升高，水位也应适当增高到15厘米左右，利于黄鳝生长；7～8月份，5～7天换注一次新水，每次换水量为20%，并加高水位，保持水质良好，pH 值在 6.8～8.4。高温季节加深水位 15 厘米左右，利于黄鳝生长。暴雨时及时排水，以防鳝逃逸。闷热天气黄鳝身体竖直，头伸出水面，表明缺氧，需加注新水增氧。随着天气转凉，慈姑生长，水位应逐渐下降，9 月中旬至 10 月底，保持水深 8～10 厘米。这时水沟内的水深仍可保持在 30 厘米左右，适宜黄鳝的需要。

3. 加强日常管理

在黄鳝生长期间，每天坚持早晚各巡塘一次，主要是观察黄鳝的生长情况以及检查防逃设施的完备性，看看池埂有无被黄鳝打洞造成漏水的情况。

十二、病害防治

在生态养殖时，黄鳝的疾病很少，主要是预防敌害，包括水蛇、水老鼠、水鸟等。其次是发现疾病或水质恶化时，要及时处理。再次就是做好预防工作，在生长期间，每 15 天向田沟中泼洒生石灰水，每立方米用量 10～15克，化水泼洒。放养前因体表损伤，受到感染造成的水霉病，应在鳝苗入田前用 3%～5% 食盐水浸泡 3～5 分钟进行防治。至 7 月中旬易发生打印病，采用 5 毫克/升漂白粉全沟泼洒 3 天，以后每 15 天泼洒 1 次。生长旺季易发肠炎病，常用 1～2 毫克/升漂白粉全沟遍洒杀菌，同时每50 千克饲料拌入呋喃唑酮 1 克投喂，连服 3 天。

慈姑的病害主要是黑粉病和斑纹病，发病初期，黑粉病用 25% 粉锈宁兑水 1000 倍或 25% 多菌灵兑水 500 倍交替防治；斑纹病用 50% 代森锰锌兑水 500 倍或 70% 的甲基托布津兑水 800～1000 倍交替防治。施药时，宜施高效低毒低残留农药，防止农药过多直接落入水面，影响黄鳝生长。虫害有蚜虫、蛀虫、稻飞虱等危害，但绝大部分都会成为黄鳝的优质动物性饵料，不需要特别防治。

十三、捕鳝采姑

10月底至11月初成鳝捕捞结束后，开始收姑。慈姑采收期从霜降开始至翌年春分。

第七节　黄鳝、猪和水蚯蚓的生态循环养殖

根据食物链原理、生态学原理以及水体承载能力、水体交换能力，合理确定黄鳝网箱数量、放养密度和水体中鲢、鳙鱼的比例、数量，合理确定水蚯蚓和黄鳝养殖面积的配比，进而建立黄鳝生态循环养殖模式。

一、生态循环养殖的原理

水蚯蚓是许多名贵鱼类的优质开口饵料，也是黄鳝养殖中重要的天然活饵料之一。利用黄鳝池埂建设猪舍，池埂上可以种植蔬菜或饲草解决猪的部分饲料，猪粪则用来饲养水蚯蚓，再利用水蚯蚓来养殖黄鳝。这种养殖模式为探索推动低碳渔业的发展、促进渔业产业结构调整升级总结出了成功经验。

这个模式中，水蚯蚓是关键环节，可以说是起到承上启下的作用，利用猪粪养殖水蚯蚓，可有效地解决猪粪处理难题，对改善农村生态环境有重要的借鉴意义；更重要的是，利用水蚯蚓这种优质的天然活饵料来喂养黄鳝时，

整个养殖过程中对黄鳝不需要进行驯食，既能解决黄鳝拒食人工饵料而出现"闭口症"难题，提高苗种成活率，又可以加快黄鳝生长、提高品质。

二、池塘选择

黄鳝养殖池塘要通风、向阳，土壤保水保肥性能良好，面积以 10~20 亩为宜，池埂水泥护坡，池底平坦无淤泥，池深 2.0 米，可保水 1.6 米。水源为水库水，水源充足，水质清新无污染，进排水方便，有独立的进排水系统。如果能常年有微流水供应，对于提高黄鳝的成活率和养殖效益就更好。池中设置 5 台 1.5 千瓦增氧机。配套水稻田 2 块，用于水蚯蚓养殖，面积为养鳝面积的 1/5~1/4 即可。

三、池塘消毒

在黄鳝苗种放养前半个月用生石灰带水清塘消毒。生石灰用量为 150 千克/亩，将生石灰化水后趁热全池泼洒，消毒 7 天后注水，注水至 1.2 米深，后期加深并保持水位相对稳定。

四、网箱设置

在这个生态循环养殖的模式中，黄鳝是养在网箱里的，选用 40 目网片制作的网箱，规格为 3 米×2 米×1.5 米。网箱通过拴系在池塘两岸桩上的铁丝固定，呈"一"字形排列，箱距 1 米左右。网箱入水 0.8 米，箱底距池底 0.7 米以上，每亩池塘放置网箱 25 口。网箱安装后，在箱内投放用 10 毫克/升漂白粉溶液消毒处理过的水花生、轮叶黑藻、眼子菜和菹草，但以水花生最方便实用。

五、苗种放养

在对池塘消毒 15 天后，每亩投放平均规格为 0.4 千克/尾的鲢、鳙鱼 125 尾和 0.5 千克/尾的青鱼 4 尾。

在对网箱进行消毒、泡水处理后，就可以放养黄鳝苗种。苗种不要从市场上选购，以用地笼从湖泊、水库、塘坝或稻田中捕获的野生苗为佳，平均规格为 75 克/尾。按规格大小分箱分级饲养，放养密度为 8～10 千克/箱。

六、水蚯蚓养殖

水蚯蚓养殖可采用无水养殖或浅水养殖，但是条件许可的话，采用相对流水养殖更省时、省力、省钱，而且效果好、产量高，同时又不造成猪粪污染的扩散。

制备良好优质的培养基，是培育水蚯蚓的关键，培养基的好坏取决于污泥的质量。先将水田平整，按 0.5 亩/块分成小块，撒施猪粪 3000 千克/亩作基肥，平铺在田面上，厚度以 10 厘米为宜。以后培施猪粪作追肥。

水蚯蚓的种源可以从野外捕捞。捞取水蚯蚓时，要带泥团一起挖回，直接放在培育田里就可以了。每平方米引入水蚯蚓 250～500 克为宜。

用这种模式养殖时，对水蚯蚓基本上不用再投喂其他的饲料，主要是间隔 1 周增喂一次发酵的猪粪，投喂量为每平方米 2 千克。这是因为猪粪里除了粪便外，还有许多尚未消化的颗粒饲料可供水蚯蚓摄食。

七、科学投喂

当黄鳝较小时，水蚯蚓的培养量能满足黄鳝的需求时，就可以直接用培育的水蚯蚓来投喂黄鳝。将水蚯蚓从培育池里取出来，经过消毒处理后就可以投喂。

到了养殖后期，养殖的黄鳝渐渐长大，对食物的需求量也更多时，如果培育的水蚯蚓不能完全满足黄鳝的摄食需求，可采用专门的黄鳝配合料和培育的水蚯蚓共同投喂，两者的比例为 1∶1。日喂 2 次，投喂量为黄鳝体重的 5％。投饵做到定时、定位、定质、定量。利用水蚯蚓与颗粒饲料养殖黄鳝效益好，黄鳝生长速度快，成活率高。

水蚯蚓繁殖力强，在短时间可达相当大的密度，通常在引种 30 天左右即可采收。采收的方法是：在采收的前一天晚上断水或减少水流，迫使培育池中翌日早晨或上午缺氧，此时水蚯蚓群集成团漂浮水面，用 20～40 目的聚乙烯网布做成的手抄网捞取即可。

八、猪舍的建设与猪的饲养管理

1. 猪舍的建设

通常是把猪栏建在池塘一角的公共堤坝上。猪舍的选址既要保证猪在夏季可以降温避暑，又要保证有一定的阳光照射。可利用闲置的旧房改建，或在池埂上搭建简易棚舍。一般坐北朝南，舍内南边上方开天窗，方便阳光照入舍内，以利于猪在秋季阴冷季节保温以及在冬季安全越冬，地面最好为硬质结构，便于消毒。所以猪舍一般选择在池埂较宽阔、避风向阳处，而且阳光照射地面面积较好的地方建造，以便于对猪的日常管理。

2. 提供适宜环境

提供给猪舒适的生长环境条件，密切注意圈内密度、温度、湿度、光照等因素对猪生长的影响。

（1）温度　在适宜温度下，猪的增重快，饲料利用率高。适宜温度随猪只体重的不同而不同。

（2）湿度　实践证明，当温度适宜时，相对湿度在50%～70%之间会提高猪的采食量、增重和饲料利用率。对猪影响较大的是低温高湿和高温高湿。

（3）空气新鲜度　如果猪舍设计不合理或管理不善，通风换气不良，饲养密度过大，空气不新鲜，从而降低猪的食欲，影响猪的增重和饲料利用率，并可引起猪的眼病、呼吸系统疾病和消化系统疾病。

（4）光照　猪舍的光照只要不影响操作和猪的采食就可以了。

3. 猪的投喂

猪的日粮以牧草配合精料为主，实践证明，采用高能日粮，饲养周期可缩短 20～25 天。每喂成一头 90～100 千克的猪，可产猪粪 1500～2000 千克。

4. 供给充足洁净的饮水

猪的饮水量随体重、环境温度、饲粮性质和采食量等有所不同。一般在冬季时，其饮水量应为体重的 10% 左右，春、秋两季为体重的 15%，夏季约为体重的 25%。如果饮水不足或限制饮水，会引起食欲减退，采食量减少，日增重降低和饲料利用率降低，严重缺水时将引发疾病。

水槽最好与料槽分开，饮水设备以自动饮水器为好，也可以在猪栏内单设水槽，但应经常保持充足而洁净的饮水，让猪自由饮用。自动饮水器要经常检查水的流速，防止水流不畅影响饮水。一定要注意，不能让猪直接饮用池塘里的水。

5. 加强消毒与清洗

为保证猪的健康，避免外源性病菌进入猪舍内而发生疾病，在进猪之前有必要对猪舍、圈栏、用具等进行彻底的清扫、消毒和干燥。根据防疫疫的要求，日常管理中要定期用对肥育猪安全的消毒液进行带猪消毒。

猪舍每天都要清扫猪粪入池或鱼塘，做到栏干食饱。每天生产出来的猪粪不能直接排放在池塘里，可在塘边设发酵池，用于集中堆放猪粪，让其在池内发酵，并根据水色变化情况定期泼入池塘肥水；而猪尿和冲圈水则可直接入塘肥水。

九、水质调节

保证水体透明度在30厘米以上，高温季节每周加注新水一次，并加强水体环境管理，及时捞出水中杂物和残饵，保持食场卫生，保证水质良好。

十、日常管理

坚持早、中、晚巡塘，勤观察黄鳝的摄食与活动情况、水质变化等，发现问题及时解决。每半个月左右清洗一次网箱，确保箱内外水体交换通畅。高温季节适时开启增氧机。定期用聚维酮碘、季铵盐络合碘对水体消毒。

第八节　黄鳝、蚯蚓、浮萍
流水生态养殖

这种模式通过生态养殖的方式，先培育出黄鳝爱吃的蚯蚓，然后任由池子里的黄鳝自行采食蚯蚓，基本上不需要人工投喂其他饲料。由于这种生态养殖池采用的是微流水养殖，能确保池内的水质良好，加上浮萍具有较好的净化水质的作用，因此黄鳝在养殖过程中基本上不会生病，生长快，产量高，养殖效益好。

一、池塘建造

选择常年有流水的地方建池，池塘为长方形，东西方向走向，每口池塘的面积1～3亩左右。池底为沙质土壤为宜，淤泥较少，10厘米左右即可。池壁高1～1.5米，在对角处设进出水口，均装好防逃设施，可在池塘内侧用密眼聚乙烯网布埋入土中作护坡。要求池塘的水源充沛，水质良好无污染，符合渔业生产用水质标准，注排水设施齐全。

二、清淤消毒

在鳝种放养前，池塘要进行清除淤泥，修补堤埂，并用生石灰、漂白粉、二氧化氯、茶籽饼等药物严格消毒，以杀灭池塘里潜在的病原菌，减少疾病传染的可能。

三、池内堆土

在用生石灰清池5天后，在池内堆若干条宽1.5米、厚25厘米的土畦，畦与畦之间距离20厘米，四周与池壁保持20厘米距离。所堆的土必须是含有有机质的壤土，以便于蚯蚓繁殖和黄鳝打洞藏身。可在畦面上种植水花生或空心菜等，在畦间投放水浮萍，既可解决黄鳝的部分饵料，还可以为黄鳝提供隐蔽的场所。

四、繁殖蚯蚓

堆好壤土后，使池中水深保持5～10厘米，然后放养蚯蚓种2.5～3千克/米^2，蚯蚓为大平二号蚯蚓，并在畦面上铺4～5厘米厚的发酵过的牛粪，也可以用腐熟发酵的鸡粪作基料，让蚯蚓繁殖。保持基料和土壤湿度50%左右，做到上面的料用手挤压时，手指缝间有水滴，底层有积水1～2厘米即可。夏天早晚各浇水一次；冬天3～5天浇水一次。蚯蚓的饵料制作方法是用杂草、树叶、塘泥搅和堆制发酵，或用猪粪、牛粪堆制发酵15～20天即可使用。每3～4天将上层被蚯蚓吃过的牛粪刮去，加铺新的发酵过的牛粪4～5千克/米^2。1～2天后蚯蚓就会进入新鲜饵料中，与卵自动分开，陈饵中的大量卵茧可另行孵化，也可任其自然孵化。这样，经过15天左右，蚯蚓已经大量繁殖，即可放入鳝种。

五、放养鳝种

在本县水域选择的黄鳝野生苗，为规格整齐，活力强，体表健康无损，体色深黄，并带有黑褐色斑点的幼鳝。放养密度要看鳝种规格而定，以整个池面积计算，若是30～40尾/千克的个体，放4千克/米^2；若是40～50尾/千克的个体，放3千克/米^2。从4月养到11月，成活率在90%以上，规格为6～10尾/千克。鳝种放养前用3%食盐水浸洗10分钟或用50毫克/升高锰酸钾药浴2～3分钟。

六、浮萍培植

培植的目的是为了给黄鳝提供足够的藏身隐蔽之处，

同时也可以为它们提供部分天然活饵料，并起到改善和净化水质的作用。要求水浮萍覆盖率在 25％左右。

七、鳝种管理

鳝种经消毒后，放入池中，池中水深保持 10 厘米左右，并一直保持微流水。以后每 3～4 天将畦面牛粪刮去一层，随后每平方米加 4～5 千克发酵过的新牛粪，保证蚯蚓不断繁殖，可供黄鳝在土中取食，不需人工投喂其他饵料。由于池内水质一直良好，且有优良的活饵——蚯蚓供摄食，因而黄鳝不易发病。在养殖期间，对黄鳝的常见病害则采取预防措施即可，每月全池泼洒一次生石灰，用量为 7 千克/亩，化水后趁热全池泼洒，以起到调节池水 pH 和预防鳝病等作用。

第五章 稻田生态养殖黄鳝

利用稻田养殖黄鳝，成本低，管理容易，既增产稻谷，又增产黄鳝，是农民致富的途径。

稻田养殖黄鳝是利用一季中稻田实行种植与养殖相结合的一种新的养殖模式。稻田养殖黄鳝，可以充分利用稻田的空间、温度、水源及饵料优势，促进稻鳝共生互利、丰稻增鳝，大大提高稻田综合经济效益。掌握科学的饲养方法，平均每亩可产商品黄鳝30~40千克，产值增加800~1200多元。规格为15~20条/千克的优质黄鳝种苗经饲养4~6月，即可长至100~150克。一方面，稻田为黄鳝的摄食、栖息等提供良好的生态环境，黄鳝在稻田中生活，能充分利用稻田中的多种生物饵料，包括水蚯蚓、枝角类、紫背浮萍以及部分稻田害虫。另一方面，黄鳝的排泄物对水稻的生长起追肥作用，可以减少农户对稻田的农药、肥料的投入，降低成本。

一、稻田的选择

选择通风、透光、地势低洼、水源充足、进排水方便、耕作土层浅、底土结实肥沃、土壤保水保肥性能良好的中稻田。确保天旱不干涸、洪涝不泛滥，面积不超过5亩为宜。

二、做好田间工程

一是在秧苗移栽前将田块四周加高，达到不渗水漏水，使其高出田基20～30厘米；二是在田块四周内外挖一套围沟，其宽5米，深1米；三是在田内开挖多条"弓"或"田"字形水沟，宽50厘米，深30厘米，并与四周环沟相通，以利于高温季节黄鳝打洞、栖息，所有沟溜必须相通，水沟占稻田面积的20%左右。开沟挖溜在插秧后，可把秧苗移栽到沟溜边。池四周栽上占地面积约1/4的水花生作为黄鳝栖息场所。

三、做好防逃措施

一是搞好进排水系统，并在进排水口处安装坚固的拦鳝设施，用密眼铁丝网罩好，以防逃鳝。二是稻田四周最好构筑50厘米左右的防逃设施，可以考虑用70厘米×40厘米水泥板，衔接围砌，水泥板与地面呈90度角，下部插入泥土中20厘米左右。如果是粗养，只需加高加宽田埂，注意防逃即可。三是简易防逃设施的建造方法，将稻田田埂加宽至1米，高出水面0.5米以上，并在硬壁及田边底交接处用油毡纸铺垫，上压泥土，与田土连成一片，这种设施造价低，防逃效果好。四是由田埂四周内侧深埋（直到硬土层下5厘米）石棉瓦或硬塑薄膜，出土40厘米，围成向内略倾斜的围墙。

四、肥料的施用

稻田养殖黄鳝采取"以基肥为主，追肥为辅；以有机肥为主，无机肥为辅"的施肥原则。基肥以有机肥为主，于平田前施入，按稻田常用量施入农家肥，追肥以无机肥为主，禾苗返青后至中耕前追施尿素和钾肥 1 次，每平方米田块用量为尿素 3 克、钾肥 7 克。抽穗开花前追施人畜粪 1 次，每平方米用量为猪粪 1 千克、人粪 0.5 千克。为避免禾苗疯长和烧苗，人畜粪的有形成分主要施于围沟靠田埂边及沟溜中，并使之与沟底淤泥混合。秧苗的移栽适期为 6 月中旬，一般在秧苗移栽后 1 周，田内水质稳定后即可投放鳝种。

五、苗种的投放

1. 种苗来源

种苗尽可能是自己或委托别人用鳝笼捕捞的，对于每一批投放的鳝苗一定要保证是鳝笼刚刚捕捞的野生苗，包括到市场上收购的，更要保证做到鳝苗无病无伤。电捕和毒捕的坚决不能作为鳝种投放。

2. 种苗放养

鳝种的投放时间集中在 4 月中下旬，一次性放足。鳝种的投放要求规格大而整齐、体质健壮、无病无伤。由于野生黄鳝驯养较难，最好选择人工培育的优良鳝种，如深黄大斑鳝等。鳝种的投放要力争在 1 周内完成。稻田放养的黄鳝规格以 5～30 厘米为好。放养密度一般为每亩 500 尾，如果饵源充足、水质条件好、养殖技术强，可以增加到 700 尾。鳝种入田前用 3%～5% 食盐水浸泡 10～15 分钟消毒体表，或用 5 毫克/升福尔马林药浴 5 分钟，杀灭水霉菌及体表寄生虫，防止鳝苗带病入田。

由于黄鳝有自相残食的习性，一般每个养殖单位最少要有三块独立的鳝池（稻田），把不同规格的鳝种分开饲养。根据鳝种的规格不同，一般放养量在 1~2 千克/米²，小的少放，大的可适当放多些。放养时间可在栽秧前，也可在栽秧后，最好能在栽秧前放入，但栽秧时一定要尽量避免对鳝种造成一些不必要的机械损伤和化肥、农药中毒。

六、田水的管理

稻田水域是水稻和黄鳝共同的生活环境，稻田养鳝，水的管理主要依据水稻的生产需要，兼顾黄鳝的生活习性，多采取"前期水田为主，多次晒田，后期干干湿湿灌溉法"。盛夏加足水位到 15 厘米；坚持每周换水一次，换水 5 厘米；在换水后 5 天，每亩用生石灰化浆后趁热全田均匀泼洒；8 月下旬开始晒田，晒田时降低水位到田面以下 3~5 厘米，然后再灌水至正常水位；对水稻拔节孕穗期开始至乳熟期，保持水深 5~8 厘米，往后灌水与露田交替进行，直到 10 月中旬；露田期间要经常检查进出水口，严防水口堵塞和黄鳝外逃；雨季到来时，要做好平水缺口的管理工作。

七、科学投饵

1. 饲料种类

黄鳝为肉食性鱼类，主要饲料有小杂鱼、小虾、螺、蚌、蚯蚓、蚬肉、蝇蛆、鲜蚕蛹、切碎的禽畜内脏及下脚料。可适当搭配麦芽、豆饼、豆渣、麸皮、发酵酸化的瓜果皮，还可适当投喂混合饲料。在这些饲料中，以蚯蚓、蝇蛆为最适口饲料。还可以在稻田中装 30~40 瓦黑光灯或日光灯引诱昆虫喂黄鳝。

2. 投喂方法及数量

在黄鳝进入稻田后，先饿其 2～3 天再投饵，投喂饲料要坚持"四定"的原则。

(1) 定点　饵料主要定点投放在田内的围沟和腰沟内，每亩田可设投饵点 5～6 处，会使黄鳝形成条件反射，集群摄食。

(2) 定时　因为黄鳝有昼伏夜出的特点，所以投饲时间掌握在 17～18 时就可以了。对于稻田养殖黄鳝，不一定非得驯食在白天投喂。

(3) 定量　投喂时一定要根据天气、水温及残饵的多少灵活掌握投饵量，一般为黄鳝总体重的 2%～4%。如投喂太多，会胀死黄鳝，污染水质；投喂太少，则会影响黄鳝的生长。气温低，气压低时少投；天气晴好，气温高时多投，以第二天早上不留残饵为准。10 月下旬以后由于温度下降，黄鳝基本不摄食，应停止投饵。

(4) 定质　以动物性蛋白饲料为主，力求新鲜不霉变。小规模养殖时，可以采取培育蚯蚓、豆腐渣育虫、利用稻田光热资源培育枝角类等活饵的方法喂鳝。

稻田还可就地收集和培养活饵料，例如可采取沤肥育蛆的方法来解决部分饵料，效果很好。用塑料大盆 2～3 个，盛装人粪、熟猪血等，置于稻田中，会有苍蝇产卵，蝇蛆长大后会爬出落入水中供黄鳝食用。

八、科学防病

1. 对水稻的用药

稻田养鳝，黄鳝能摄食部分田间小型昆虫（包括水稻害虫），故虫害较少，须用药防治的主要稻病为穗颈瘟病和纹枯病（白叶枯病）。防治病虫害时，应选择高效低毒农药如井冈霉素、杀虫双、三环唑等。喷药时，喷头向上对准叶面喷施，并采取加高水位、降低药物浓度，或降低水位，只保留鱼沟、鱼溜有水的办法，防止农药对黄鳝产生不良影响。

2. 对鳝病的防治

黄鳝一旦发病，将钻入泥中，不吃不动，给治疗带来一定难度，所以平时的预防更为重要。

一是在黄鳝入田时要严格进行稻田、鳝种消毒，杜绝病原菌入田。

二是在鳝种搬动、放养过程中，不要用干燥、粗糙的工具，保持鳝体湿润，防止损伤，若发现病鳝，要及时捞出，隔离，防止疾病传播，并请技术人员或有经验的人员诊断、治疗。

三是对黄鳝的疾病以预防为主，一旦发现病害，立即诊断病因，科学用药。

四是定期防病治病，每半月一次用生石灰或漂白粉泼洒四周环形沟，或定期用漂白粉或生石灰等消毒田间沟，以预防鳝病。①生石灰挂篓，每次2～3千克，分3～4个点挂于沟中；②用漂白粉0.3～0.4千克，分2～3处挂袋。

五是定期使用痢特灵或鱼血散等内服药拌饲投喂，每50千克鳝鱼用2克拌饵投喂，可有效防治肠炎等疾病。

六是坚持防重于治的原则，管理好水质也是预防疾病发生的重要手段。鳝池水浅，要常换新水，保持水质清新。每天吃剩的残饵要及时捞走，保持水质肥、活、嫩、爽。

九、捕鳝上市

稻田养鳝的成鳝捕获时间一般自 10 月下旬至 11 月中旬开始，尤其是在元旦、春节销售的市场最好，价格最高，捕获也都集中在这时进行。黄鳝捕获方法很多，可因地制宜采取相应措施。

一是捕捉时，先慢慢排干田中的积水，并用流水刺激，在鳝沟处用网具捕获，经过几次操作基本上可以捕完 90％以上的成鳝。

二是用稻草扎成草把放在田中，将猪血放入草把内，第二天清晨可用抄网在草把下抄捕。

三是用细密网捕捞。

四是放干田水人工干捕，当然，干捕时黄鳝极易打洞，这时配合挖捕可基本上捕完黄鳝。挖捕时只需用铁制的小三股叉就可挖出，从稻田一角开始翻土，挖取黄鳝。不管是网捞还是挖取，都尽量不要让鳝体受伤，以免降低商品价值。

第六章　网箱标准化养殖黄鳝

黄鳝网箱养殖是一种新型的特种水产养殖技术，具有投资省、占用水面少、规模可大可小、管理方便、生长速度快、放养密度大、成活率高、不受水体大小限制、效益高等有利因素，同时又不影响养鳝产量，还能充分利用水体，大幅度提高经济效益。这项技术发展非常迅速，每年成倍地增长，是农民增收的有效途径之一。

采用网箱养殖的方式进行黄鳝养殖现在还处在技术发展阶段。网箱养殖适合在大的水体中进行，主要优点是水流通过网孔，使箱体内形成一个活水环境，因而水质清新，溶氧丰富，可实行高密度精养。

一、网箱养黄鳝的优势

网箱养黄鳝是近年来发展起来的一项高科技养殖项目，根据生产实践，发现采用网箱养殖黄鳝具有以下优势：

一是单个网箱投资较小。一般一口底面积为 15 米^{2}的网箱，制作成本在 250 元以内，一次性投入不大，而且可使用 3 年左右。

但是大面积网箱养殖时，与所有养殖业一样同样存在风险，因为在网箱里的黄鳝是高度密集的，在遇到疾病、气候突然变化时所造成的损失也就很大。所以发展网箱养黄鳝，必须有敢于承担风险的思想准备。另外，网箱养黄鳝一次性投入也比较高，如果使用钢制框架和自动投饵设备，造价较昂贵。另外，网箱养殖黄鳝，完全依靠投喂饲料，一日无粮，一天不长，这笔饲料资金将是非常大的。

二是方便在鱼塘及其他水域中开展黄鳝养殖。在鱼塘中设置网箱，养鱼养鳝两不误，不占耕地，可有效利用水面，只要合理安排，对池塘养鱼没有明显影响，而且机动灵活、适应家庭养殖，便于均衡上市、储存，是农民致富的好门路。另外，用网箱养黄鳝，还能利用不便放养、很难管理和无法捕捞的各类大、中型水体来养鳝，不与农业争土地，又开发了水域渔业生产力。

三是有优良的水环境。网箱一般都设在水面宽广、水流缓慢、水质清新的大中水域的水面，其环境大大优于池塘，溶氧量保证在 5 毫克/升以上，密集的黄鳝群体可以定时得到营养丰富的食物，不必四处游荡寻食，所以体大肥满。

四是黄鳝的养殖规模可大可小。网箱养殖可根据自身的经济条件和技术条件确定规模，小规模可以从一只到十来只网箱，大规模养殖可以是数百只甚至数千只以上，投资从几百元到上百万元均可。

五是操作管理简便。网箱是一个活动的箱体，可以根据季节、水体不同灵活布设，拆迁都十分方便。由于网箱占地不大，可以集中在一片水域集中投喂，集中管理。而且网箱养黄鳝只需移植水草，劳动强度小，平时的养殖管理工作主要是投喂饲料和防病防逃。发现鳝病，可以统一施药。在养殖到一定阶段，也便于捕大养小，随时将达商品规格的黄鳝及时运往市场销售。这样一方面可以均衡黄鳝上市，还疏散了网箱密度，让个体小的黄鳝快速长成。

六是水温容易控制。养黄鳝的网箱放置于池塘、水库等水域中，既可以用浮水式网箱，也可以用沉水式网箱。由于网箱所处的水体较宽大，在夏季炎热时箱内的水温不会迅速上升，更不容易达到30℃以上的高温。

七是养殖成活率高。网箱养殖由于水质清新，水温较为稳定，因而养殖成活率较高。

二、养殖用具

用于网箱养殖黄鳝的用具还是有讲究的，马虎不得。根据生产上的要求，这些养殖用具是不能缺少的：首先是养殖的主体，即网箱和黄鳝苗种；其次是向网箱里喂食和定期检查、巡箱用的小船，进排水用的大口径三相水泵等服务性器材；再次是装运黄鳝的篓、木桶、盆、果箱等；第四是饵料鱼、饲料、把鱼绞碎用的绞肉机、用来冷冻饲料的冰柜等饲料用具；最后就是还有一些其他附属用品，包括固定网箱用的沉子、毛竹、挂网箱的8～12号铁丝、药物等。

三、水域选择

在水位落差不大、水质良好无污染、受洪涝及干旱影响不大、水体中无损害网箱的鱼类或水生动物、水深1～2.5米的水域均可考虑设立网箱，无论是静水的池塘还是微流水的沟渠或水库，均可设置网箱来养殖黄鳝。在各类型的水域中，用来进行人工网箱养殖黄鳝的，还是以池塘最为适宜，其次是水位稳定的河沟、湖汊和库湾。

四、大水面网箱设置地点的选择

网箱养殖黄鳝，密度高，要求设置地点的水深合适、水质良好、管理方便，在河汊、塘堰、水库、湖泊等水域均可放置网箱养鳝。这些条件的好坏都将直接影响网箱养殖的效果，在选择网箱设置地点时，都必须认真加以考虑。

1. 周围环境

要求设置地点的承雨面积不大，应选在避风向阳、阳光充足、风浪不大、比较安静、无污染的地方，周围开阔没有水老鼠，附近没有有毒物质污染源，同时要避开航道、坝前、闸口等水域。

2. 水域环境

水域底部平坦，淤泥和腐殖质较少，没有水草，深浅适中，常年水位保持在 2～6 米，水域要宽阔，水位相对要稳定，水流畅通，水量交换量适中，常年有微流水，流速 0.05～0.2 米/秒。

3. 水质条件

养殖水温变化幅度在 18～32℃ 为宜。水质要清新、无污染，溶氧在 5 毫克/升以上。其他水质指标完全符合渔业水域水质标准。

4. 管理条件

要求离岸较近，电力通达，水路、陆路交通方便。

五、大水体网箱的设置

养鳝网箱种类较多，按敷设的方式主要有浮动式、固定式和下沉式三种。养殖黄鳝多用封闭式浮动网箱。封闭式浮动网箱由箱体、框架、锚石和锚绳、沉子、浮子五部分组成。

1. 箱体

箱体是网箱的主要结构，通常用竹、木、金属线或合成纤维网片制成箱体。生产上主要用聚乙烯网线等材料，编织成有结节网或无结节网。所编织的网片可以缝制成不同形状的箱体。为了装配简便，利于操作管理和接触水面范围大，箱体通常为长方形或正方形。箱体面积一般为 $5\sim30$ 米^2，以 20 米^2 左右为佳。网长 5 米、宽 3 米、高 1 米，其水上部分为 40 厘米，水下部分为 60 厘米。网质要好，网眼要密，网条要紧，以防水老鼠咬破而使黄鳝逃跑。网箱可选用网目 $1\sim3$ 厘米聚乙烯，网箱箱面 1/3 处设置饵料框。

2. 框架

采用直径 10 厘米左右的圆杉木或毛竹连接成内径与箱体大小相适应的框架，利于框架承受浮力使网箱漂浮于水面。如浮力不足，可加装塑料浮球，以增加浮力。

3. 锚石和锚绳

锚石是重约 50 千克的长方形毛条石。锚绳直径为 $8\sim10$ 毫米的聚乙烯绳或棕绳，其长度以设箱区最高洪水水位的水深来确定。

4. 沉子

用 $8\sim10$ 毫米的钢筋、瓷石或铁脚子（每个重 $0.2\sim0.3$ 千克）安装在网箱底网的四角和四周。一只网箱沉子的总重量为 5 千克左右。使网箱下水后能充分展开，保证实际使用容积，不磨损网箱。

5. 浮子

框架上装泡沫塑料浮子或油桶等作浮子，均匀分布在框架上或集中置于框架四角，以增加浮力。

6. 安置

网箱有浮动式和固定式各两种，即：敞口浮动式和封闭浮动式；敞口固定式和封闭投饲式。目前应用最广泛的是敞口浮动式网箱。各种水域应根据当地特点，因地制宜地选用适宜规格的网箱，并安置在流速为 0.05～0.2 米/秒的水域中。敞口浮动式网箱，必须在框架四周加上防逃网。敞口固定式的水上部分应高出水面 0.8 米左右，以防逃鳝。所有网箱的安置均要牢固成形。网箱设置时，先将四根毛竹插入泥中，然后网箱四角用绳索固定在毛竹上。四角用石块作沉子，用绳索拴好，沉入水底，调整绳索的长短，使网箱固定在一定深度的水中，可以升降，调节深浅，以防被风浪水流将网箱冲走，确保网箱养黄鳝的安全。网箱放置深度根据季节、天气、水温而定：春秋季可放到 30～50 厘米深；7～9 月天气热，气温高，水温也高，可放到 60～80 厘米深。

网箱设置时既要保证网箱能有充分交换水的条件，又要保证管理操作方便。常见的是串联式网箱设置和双列式网箱设置。网箱地点应选择在上游浅水区。设置区的水深最少在 2.5 米以上。对于新开发的水域，网箱的排列不能过密。在水体较开阔的水域，网箱排列的方式可采用"品"字形、"梅花"形或"人"字形，网箱的间距应保持 3～5 米。串联网箱每组 5 个，两组间距 5 米左右，以避免相互影响。对于一些以蓄、排洪为主的水域，网箱排列以整行、整列布置为宜，以不影响行洪流速与流量。

安装时把箱体连同框架、锚石等部件一并运到设箱区，入水时先下框架，后缚好锚绳、下锚石，固定框架，而后把网箱与框架扎牢。网箱的盖网最好撑离水面，这样盖网离水，可达到有浪则湿、无浪则干、干干湿湿，使水生藻类无法固定生长，保持网箱表面与空气良好的接触状态。如网箱盖网不撑离水面，则要定期进行冲洗。

六、池塘网箱设置

1. 池塘大小

在池塘里设置网箱来养殖黄鳝，由于网箱需要通过风浪作用来达到水体的流通，因此池塘面积以 4000～8000 米^2 为好。鱼池的形状尽量为长方形，长宽比为 2∶1 或 3∶2。

2. 环境环境

黄鳝生性喜温、避风、避光、怕惊。设置网箱养殖黄鳝的水体要求无污染，进排水方便，避风向阳，便于管理，池底要平坦，外界干扰少，水位相对稳定。池水深度要求在 100～180 厘米之间，池埂的横、纵向要有 2 米的宽度，便于人工活动操作。

3. 鱼池方向

鱼池方向为东西向，这样可增加鱼池日照时间，溶氧充足，有利于鱼池中浮游植物的光合作用，对提供溶解氧有利。另外，东西向对避风有好处，可减少南北风浪对鱼埂冲刷和网箱的拍打。

4. 池塘里网箱的规格

网箱一般为长方形或正方形，其体积大小因所养鳝苗多少而定，一般为 10～20 米^2 左右为好，太大不利管理，而太小则相对成本较高。网箱高度为80~100厘米左右，一般网箱保持在水下50厘米、水上50厘米左右处。由于黄鳝的钻劲比较大，建议多采用双层网箱。

5. 网箱的构造与制作

网箱由网衣、框架、撑桩架、沉子及固器（锚、水下桩）等构成。网衣常用网片制成，网目规格为30目左右（0.3~0.5厘米），为无结节网片，即渔业上暂养夏花鱼种的网箱材料和规格。网箱可采用框架式网箱或无框架网箱，无框架网箱要将箱体用毛竹等固定，即在网箱的四角打桩，将网箱往四个方向拉紧，使网箱悬浮于水面中。网箱的底部固定很重要，一般用石笼或绳索将网箱的底部固定。网箱上四角连接在支架的上下滑轮上，便于网箱升降、清洗、捕鳝。

6. 网箱密度

网箱可并排设置在池塘中，群箱架设还要考虑箱与箱的间距和行距，一般间距要求在1米左右，行距在2米左右，两排网箱中间搭竹架供人行走及投饲管理。

限制池塘设立网箱数量的主要因素是水质。一般情况下，静水池塘设立网箱的总面积以不超过池塘总面积的25%为宜；有流动水的池塘，其网箱面积可达池塘总面积的45%左右。但同时应依据以下几方面情况而综合考虑面积的增减：池塘水源好，排换水容易可多设；池塘内不养鱼或养鱼密度低可多设；养殖耐低氧鱼类（如鲫鱼）的池塘可多设；反之，则应适度控制网箱的设立面积。若网箱设置过密，易污染水质，病害易发生。

7. 网箱设置

在水深0.8米以上的池塘中，新做的网箱还应提前放入水中几天，待其散发出来的有害物质消失后才能进行下一步的操作。网箱在苗种入箱前 5～7 天下水，有利于鳝种进箱前在箱内形成一道生物膜，能有效避免鳝种摩擦受伤。

七、放养前的准备

1. 饲料要储备

黄鳝进箱后 1～2 天内就要投喂，因此，饲料要事先准备好。饲料要根据黄鳝进箱的规格进行准备，如果进箱规格小，未经驯食或驯食不好，应准备新鲜的动物性饲料；反之，进箱规格大，已经驯食，应准备相应规格的人工颗粒饲料。

2. 安全要检查

网箱在下水前及下水后，应对网体进行严格的检查，如果发现有破损、漏洞，马上进行修补，确保网箱的安全。

3. 着生藻类

用于养鳝的网箱应提前安放入塘，利于藻类着生而使网布光滑，避免擦伤鳝体。

4. 设置水草

网箱在挂好之后需配置水草，4～5 月份就可以放水草了，最好是水花生、水葫芦等，具体用哪种草可以因地制宜，其覆盖面积应占网箱面积的 70%～85%。水草布设应紧密没有空隙，把水葫芦撒放在网箱里，根须浸入水中即可，尽量多放。一般 5 天之后水草就能直立起来，为黄鳝的生长栖息提供一个良好的环境，供黄鳝栖息。

水花生在投放前洗净，并用 5% 食盐水浸泡 10 分钟，以防止将水蛭等有害生物或虫卵带入网箱。

八、鳝种放养

1. 鳝种的来源与选择

养黄鳝，种苗是关键。鳝种的来源有两个：一是每年4～10月在稻田和浅水沟渠中用鳝笼捕捉；二是从市场上采购。无论是自捕还是购买，都要挑选无伤残、体质健壮的鳝种，以笼捕为好，要剔除钩捕、钩钓、电捕及肛门淡红色而患有肠炎病的鳝种，这类鳝种因体内有伤，成活率极低，即使不死，生长也极其缓慢，故一定要挑选无病无伤的鳝种放养。

黄鳝依其体色一般可分为三种：第一种是体色黄色并夹杂有大斑点，增肉倍数为 1∶(5～6)，生长较快，以此作养殖品种较佳；第二种为体表青黄色；第三种体灰色且斑点细密。后两种生长速度缓慢，增肉倍数为 1∶(1～3)，故不宜人工养殖。

在选择时，不能用杂色鳝苗和没有经过驯化的鳝苗，更不能相信广告上宣称的所谓"特大鳝""泰国特大鳝"等骗局。

2. 放养

鳝种放养时，一只网箱一次性放足，一般每平方米可放养规格 25～50 厘米的鳝种 1～2 千克，每只网箱放养20～40 千克。黄鳝因有相互残食的习性，故放养时规格要尽量整齐一致。

鳝苗放养时要消毒，以提高苗种的体质和抗应激能力，提高苗种入箱后的成活率及提早开食。通常可以采用药物浸泡，消毒时水温差应小于 2℃。可用二氧化氯彻底消毒，浓度为 1 克/米³；也可每吨水用鱼病灵 10～15 毫升，浸泡 15～25 分钟。鳝种放养前用 3%～4% 食盐水浸泡 10 分钟，在浸泡过程中，再次剔除受伤、体质衰弱的鳝苗，并进行大小分级。

另外，每平方米搭配泥鳅 10 尾，可利用泥鳅上下串游的习性，起到分流增氧作用，又可消除黄鳝的残饵，还能防止黄鳝因密度大在静水中相互缠绕，减少病害发生。

鳝种的收购和放养应选在 4 月至 5 月初或 8～9 月，温度 20～25℃ 最适宜，温度超过 30℃ 放养，影响鳝种成活率。同时也要避开 5 月中旬至 7 月的黄鳝繁殖期，繁殖期收购的黄鳝因性成熟而容易死亡。

3. 配养鱼放养

为调节水质，每亩池塘放养鲢鱼种 80 尾、鳙鱼种 20 尾，平均规格为每尾 50 克。

九、科学投喂

黄鳝以肉食性为主，主要饲料是蚯蚓、蝇蛆、河蚌肉、昆虫、蚕蛹、田鸡、猪血块、小鱼虾等，辅加豆腐渣、饼渣等植物性饲料，将动物性饲料搅碎后与植物性饲料配合制成糊团状。养殖时应根据当地的饲料来源、成本等因素，选择 1～2 种主要饲料。

黄鳝苗放入网箱后 1～3 天不喂食，以使鳝种体内食物全部消化成为空腹，使其处于饥饿状态。从第 4～7 天开始投喂饲料，并进行驯食，如果驯化不成功就会导致养殖的失败，刚开始时以每天下午 6～7 时投喂饲料最佳，此时黄鳝采食量最高。经过驯食，逐步达到一天投饲 2 次，上午 9 时、下午 18 时各一次，两次投喂量分别为日投喂量的 1/3 和 2/3。日投喂量掌握在体重的 3%～5%。投放的饲料要新鲜，网箱中部分剩余的腐烂发臭的饲料应及时清除，否则易引发肠炎。

在网箱养鳝的实践中，一般均是将饲料直接投放到箱内水草上，一般每 3～4 米² 设一个投料点。若箱内水草过于茂盛紧密，则投入的饲料便无法接近水面，此时可用刀将投料点水草的水面上的部分割掉或剪掉，也可使用工具将投料点的水草压下，使投入的饲料能够到达或接近水面。由于黄鳝喜欢聚集在投料点周围，造成投料点附近的黄鳝密度太高，因此可每隔一段时间又将投料点移动一点位置，以便于黄鳝均匀分布。

具体每次投喂量的多少或是否投喂要根据"四看"来灵活掌握。一看天气：天气晴，水温适宜（21～28℃）可多投，阴雨、大雾、闷热少投或不投；秋冬水温低，还可稍喂些精饲料。二看水质：池塘或网箱中，水呈油绿、茶褐色，说明水体溶氧量多，可多喂饲料；水色变黑、发黄、发臭等，说明水质变坏，宜少投或不投饲料，并要及时采取相应措施。三看黄鳝大小：个体大，投饵多，个体小，投量少，并随个体生长逐渐加投饲料。四看吃食情况：所投料在 2 小时吃完，说明摄食旺盛，下次投量应增加数量；如果没有人为和环境因素影响，4 小时后饲料还剩余很多，说明饲料投量过大，下次应减少投量，并要注意检查黄鳝是否发病。

黄鳝吃惯一种饲料后很难改变习惯再去吃另一种饲料，故应将其饲料固定几个品种，如蚯蚓、小鱼、蚌肉或动物内脏，以提高其生长速度。有条件时可投放活饵料，因其利用率高，不用清除残饵，对网箱污染少，有利于黄鳝的生长。

十、养殖管理

网箱养鳝的成败，在很大程度上取决于管理。一定要有专人尽职尽责管理网箱。实行岗位责任制，制定切实可行的网箱管理制度，提高管理人员的责任心，加强检查，及时发现和解决问题等都是非常必要的。日常管理工作一般应包括以下几个方面：

1. 巡箱观察

网箱在安置之前，应经过仔细的检查。鳝种放养后要勤检查。检查时间最好是在每天傍晚和第二天早晨。方法是将网箱的四角轻轻提起，仔细察看网衣是否有破损的地方。水位变动剧烈时，如洪水期、枯水期，都要检查网箱的位置，并随时调整网箱的位置。每天早、中、晚各巡视一次，除检查网箱的安全性能，如有破损，要及时缝补；更要观察鳝的动态，看有无鳝病的发生和异常等情况，检查了解鳝的摄食情况和清除残饵，有无疾病迹象，及时治疗；一旦发现蛇、鼠、鸟，应及时驱除杀灭。保持网箱清洁，使水体交换畅通。注意清除挂在网箱上的杂草、污物和附着藻类。大风来前，要加固设备，日夜防守。由于大风造成网箱变形移位，要及时进行调整，保证网箱原来的有效面积及箱距。水位下降时，要紧缩锚绳或移动位置，防止箱底着泥和挂在障碍物上。

2. 控制水温

黄鳝的生长适温为 $15\sim30℃$，最适温度为 $22\sim28℃$，因此夏季必须采取措施控制水温升高，在黄鳝网箱的四周种高大乔木，或架棚遮阳。冬季低温可将网箱转入小池饲养，可搭塑料薄膜保温或者利用温泉水、地热水等进行越冬，此举还可防止敌害。

3. 控制水质

网箱区间水体 pH7～8，以适其生长习性。养殖期应经常移动网箱，20 天移动一次，每次移动 20～30 米远，这对预防细菌性疾病发生有重要作用。定期测定黄鳝的生长指标，及时为黄鳝的生产管理提供第一手资料。网箱很容易着生藻类，要及时清除，确保水流交换顺畅。要经常清除残饵，捞出死鳝及腐败的动植物、异物，并进行消毒。

同时还要保持池塘里的水位稳定，夏季注意黄鳝的防暑工作。水位不宜过浅，防止水温过高而影响黄鳝的生长。在网箱内投入喜旱莲子草、凤眼莲、水浮莲等水生植物，可以有效地避暑。冬季池水温度降低，黄鳝停止摄食，进入冬眠状态，应及时做好防冻越冬工作。此时水位应浅些、保持水深 1.2 米左右，而且在网箱上加盖塑料薄膜，可有效避风防寒。

4. 鳝体检查

通过定期检查鳝体，可掌握黄鳝的生长情况，不仅为投饲提供了实际依据，也为产量估计提供了可靠的资料。一般要求 1 个月检查 1 次，分析存在的问题，及时采取相应的措施。

5. 防逃

网箱养鳝在防逃方面要求特别细致，粗心大意会造成逃鳝损失。

网箱养殖黄鳝，可能导致它逃跑的原因有以下几点：一是网箱本身加工粗糙，给黄鳝造成逃跑的机会，因此在最初加工制作网箱时，一定要力求牢固，网布连接缝合要求有2～3条缝线，网箱缝制时上下缘有绳索，底部四角尤其要牢固。

二是网箱本身有破损，因此在网箱下水前再仔细检查，看是否有洞或脱线。在日常巡塘时就要经常检查网箱是否完好，发现破漏及时修补。

三是固定网箱不牢固造成的逃跑事件，因此固定网箱的木柱及捆绑的绳索要牢固结实，以防网箱被风刮倒而逃鳝。

四是溢水式逃跑，主要针对固定式网箱。在池塘急速加水或遇到暴风骤雨时，由于水位突然升高，黄鳝就会逃跑。

五是从网箱里的水草处逃跑，因此在巡塘时一旦发现箱沿水草过高时要及时割除。

六是蛇害和鼠害，尤其是鼠害最严重，它会咬破网箱而导致黄鳝的逃跑，因此要及时消灭老鼠。

七是防止人为破坏，平时要处理好养殖场的人际关系，做到和谐养殖、和谐发财。

八是由于养鳝网布的孔眼小，藻类植物的大量着生会堵塞网眼，使箱内外的水体交换困难。因此，应每隔1个月或视具体情况刷洗网壁，同时检查网箱是否有破洞。

6. 网箱保存与污物的清除

在黄鳝全部出售后，可将网箱起水，洗刷干净晾干，折叠装于编织袋或麻袋中，放在阴凉处，避免阳光直射，严防老鼠或腐蚀性化学物质损害。管理得当，网箱可使用3～4年以上。如果网箱仍放置于池塘中，则应全部沉没于水中，以防冰冻造成破损。

网箱下水 3～5 天后，就会吸附大量的污泥，以后又会附着水绵、双星藻、转板藻等丝状藻类或其他着生物，堵塞网目，从而影响水体的交换，不利于黄鳝的养殖，必须设法清除。

7. 预防疾病与敌害

网箱养殖黄鳝，密度大，一旦发病很容易传播蔓延。做好鳝病的预防，是网箱养殖成败的关键之一。按照"以防为主、有病早治"的原则进行病害防治。鳝病流行季节要坚持定期以药物预防和对食物、食场消毒。在网箱内放养蟾蜍及利用滤食性鱼类、水草、换水等来调控水质进行生态防病，如发现死鳝和严重病鳝，要立即捞出，并分析原因，及时用高效、低毒、无残留的药物进行治疗。

野生的黄鳝大都寄生有蚂蟥、毛细线虫、棘头虫等寄生虫。体表有寄生虫的，可用硫酸铜、硫酸亚铁合剂全池泼洒，浓度为 0.7 克/米^3；体内有寄生虫的，可用 90%晶体敌百虫按每 50 千克黄鳝拌喂 1～3 克，连续 3～6 天。

老鼠是网箱养鳝的最大敌害，经常将网箱咬破，使鳝逃走。可在网箱四周放若干束长头发吓鼠，效果颇佳。

8. 水草管理

网箱内水草的好坏，直接关系到黄鳝的成活和生长情况。平时要加强对水草的治虫施肥管理。每个月可少量施一次复合肥，以促进水草生长。

9. 越冬管理

网箱暂养黄鳝，一般最多在春节前后即已全部销售完毕，此时市场价格较高。若箱内黄鳝需进行越冬，则应在停食前强化培育，增强黄鳝体质。进入 11 月份以后，把网箱抬高，减小网箱底部与水草之间的空隙，同时要加大水草厚度，在水草上搭盖塑料膜，以减少霜冻水草的死亡，保持黄鳝有良好的栖息场所。对于北方霜冻严重的地区，则应考虑温室越冬，而不应在池塘越冬。

黄鳝的越冬还可以采取带水越冬的方式，带水越冬时需要经常破冰，增加池水溶氧量，

十一、捕捞

捕捞网箱中的黄鳝是很简单的，提起网衣，将黄鳝集中在一起，即可用抄网捕捞。因为网箱起网很简单，因此，可以根据市场的需求随时进行捕捞，没有达到上市规格的可以转入另一个网箱中继续饲养。

第七章 黄鳝的饵料与投喂

第一节 黄鳝的摄食特点与饵料种类

一、黄鳝的摄食方式

黄鳝对食物的感知主要依靠它发达的嗅觉、触觉和振动觉来完成，当食物落入水中或由活饵引起水体振动时，或者活饵料在水体中散发出特殊的气味时，黄鳝就会追踪到达饵料、猎物身边，然后用啜吸方式将其摄入口中。

黄鳝的摄食方式为啜吸式。对于那些小型食物如水蚤、黄粉虫、水蚯蚓等，黄鳝就会张开大口，一下子啜吸吞入；而对于一些大型无法一口吞入的食物，例如较大的鱼、青蛙等，它一旦捕获后，立即用口里的牙齿紧紧咬住或挪动身体剧烈左右摆动，或咬住食物全身高速旋转，使食物死亡或身体被撕咬断裂后再慢慢吞入。

二、黄鳝的吃食特点

黄鳝是一种凶猛的偏肉食性的杂食性水生动物，它的吃食有几个显著的特点：

1. 偏肉食性

野生环境下的黄鳝，主要摄食水蚯蚓、蚯蚓、昆虫、小鱼虾、小螺蚌等小动物，只有在生活环境不好或饵料生物极度匮乏的情况下，才吃一些植物性饵料。因此，在人工养殖时要做好一些活饵料的供应工作，这是小规模养殖黄鳝成功的保障。

2. 贪食性

由于黄鳝在野生状态下饲料无法得到保证，经常饱一顿饥一顿，长期的生存环境就养成了其暴食暴饮的习性，一旦有机会能大吃一顿，它就变得非常贪食。在人工养殖状态下，在吃食旺季，黄鳝也有这种贪食的特性，只要饵料新鲜可口，它一次摄入的鲜料量可达自身体重的 15%左右。过量摄入食物往往容易导致黄鳝消化不良而引发肠炎等疾病，因此在投喂时一定要做好定量供应，就是为了防止它暴饮暴食。

3. 耐饥饿性

黄鳝具有非常强的耐饥饿能力。研究表明，即使是在黄鳝吃食和生长的高峰期，如果没有食物供给，它也能忍受饥饿 1~3 个月却不会饿死。如果在特别饥饿的状态下，黄鳝体质减弱易诱发疾病和发生大鳝吃小鳝的情况，因此在人工养殖的情况下，一定要注意同池放养的规格和饵料的及时供应，以免对黄鳝的养殖造成损失。

4. 拒食性

黄鳝的摄食活动依赖于嗅觉和触觉，可以感知食物的存在和食物的大小，但是饵料是否适口、黄鳝是否喜欢摄食，就通过味觉加以选择并作出是否吞咽的判断。黄鳝对无味、苦味、过咸、刺激性异味饵料均拒绝吞咽，尤其是对饲料中添加药品极为敏感，有时即使暂时吃下，过一会儿也会吐出。这也是一些养殖者在饲料中添加敌百虫或磺胺类药物等气味明显的药物来治疗鳝病而不见效的根本原因，因为它们根本就没吃下去，当然就达不到治疗的效果。

5. 对蚯蚓的特别敏感性

黄鳝对蚯蚓的腥味天生特别敏感。如果水体中有蚯蚓存在，蚯蚓身上发出的特别的气味能吸引数十米远的黄鳝，并引起黄鳝的兴奋，刺激它捕食的欲望。所以，要成功地养殖黄鳝（尤其是成功地驯养野生的黄鳝），就有必要先把蚯蚓养好。虽然不主张主要依靠蚯蚓来养殖黄鳝，但为了达到顺利开食、驯化吃食配合饲料及增进黄鳝食欲的目的，建议养殖户在开展黄鳝养殖的同时，最好人工养殖一定数量的蚯蚓。

6. 不同阶段对饵料的喜好也有一定差别

据研究试验表明，黄鳝敏感且最喜欢吃食的食物顺序依次是：蚯蚓、河蚌肉、螺肉、蝇蛆、鲜鱼肉等。但在不同的生长阶段，黄鳝对食物的喜好有些不同：在鳝苗刚孵出时，它依靠自身的卵黄囊提供营养，不需要任何外界的食物；1周以后的仔鳝吃食蛋黄、水丝蚓和蚯蚓，因此在鳝苗卵黄囊消失后，就可以投喂磨碎的蚯蚓糜或蛋黄糊；幼鳝的食性更广泛一点，爱吃水丝蚓、蚯蚓、轮虫、枝角类、孑孓等天然的小型活饵料；成鳝主要摄食蚯蚓、小杂鱼、螺肉、蚌肉、小虾、蝌蚪、小蛙和昆虫等较大的动物性活饵料。为了解决饲料来源问题和提高增重，对幼鳝和成鳝应尽可能及早驯化投喂人工配合饲料。

三、黄鳝的饲料种类

黄鳝是以动物性饲料为主的杂食性鱼类，包括动物性饲料、植物性饲料和人工配合饲料。

1. 动物性饲料

黄鳝爱吃的动物性饲料包括小虾、蚯蚓、水蚯蚓、螺蚬、蝇蛆、鲜蚕蛹、蝌蚪、幼蛙肉、蚌肉、肉渣、动物下脚料（如熟猪血、动物内脏）及生活在水底的小动物等。其中，黄鳝最爱吃的是蚯蚓、蝇蛆和河蚌肉，不吃腐烂、变质食物。

2. 植物性饲料

主要有小杂草、麦芽、麦麸、豆饼、菜饼、青菜、浮萍等。这些植物性饲料只能作为辅佐饲料，在投喂时添加一点，起补充黄鳝体内维生素、增强体质的作用。

3. 配合饲料

（1）配合饲料投喂黄鳝的优点 在大规模养殖黄鳝时，不可能总是准备那么多的活饵料，因此配合饲料是必需的，也是解决规模化养殖中饲料问题的必要手段。使用配合饲料有以下优点：一是饲料的来源有保障，由于配合饲料是颗粒状的，包装比较严实，便于储藏，一次购入，可以长时间使用，是规模化养殖黄鳝的重要前提；二是配合饲料的质量有保证，在配制饲料时，就依据黄鳝的生长特性、饵料组成、营养特点等因素，综合开发了这种营养成分全面的饲料，因此黄鳝吃下去后，生长速度明显加快，饲料转化率非常高；三是便于防病治病，由于配合饲料是人为加工的，可以根据不同的季节、不同的生长阶段、不同的疾病特点，将相应的药物添加到配合饲料里，以达到防治病虫害的目的；四是配合饲料的加工简单，投喂方便，在大面积养殖时可以用投饵机来投喂，小面积养殖时可以手撒饲料来投喂；五是配合饲料都是经过多个加工环境制成的，尤其是经过高温加工后，能避免将病虫害从饲料带入鳝池，减少因疾病而造成的损失；六是配合饲料投喂后可以及时查看，若有过剩可以立即清理，不易污染池水。

（2）黄鳝对配合饲料的要求　经过驯食后，黄鳝可以摄食人工配合饲料，若要改喂人工饵料或其他饵料，放养后数天，不必投饵，让其有一个适应过程。使黄鳝能稳定摄食的配合饲料的要求是：首先是配合饲料要具有一定的腥味，能引起黄鳝的摄食兴趣；其次是配合饲料的细度均匀，大小适口，便于黄鳝的啜吸；再次就是配合饲料的柔韧性好，适合黄鳝撕咬的习性，在水中保形时间较长；最后就是要求饲料形状为条形，适应黄鳝的取食习惯。

在长期的养殖试验中，许多养殖户发现普通鱼饲料中有不少饲料可以用于饲养黄鳝，如鳗鱼料、甲鱼料、乌鱼料、鲤鱼料、蛙料、罗非鱼料等。动物蛋白质含量高，蛋白质水平在35％以上的鱼饲料，几乎都可用于饲养黄鳝。这样就可以减少对黄鳝专用配合饲料的依赖，降低养殖户的养殖成本。

黄鳝对饵料的选择性很强，经长期投喂一种饵料后，就很难改变其食性。因此，如果计划用配合饲料或其他饵料喂养，在饲养黄鳝的初期，必须在短期内做好驯饲工作，即投喂来源广泛、价格低廉、增肉率高的配合饲料。驯养初期可喂蚯蚓（动物性的饵料都行）并混合其他饲料，逐步增加配合饲料，直至黄鳝习惯摄食后，完全改用配合饲料或其他饲料。目前，养殖效果比较好的是用部分动物鲜活肉加入一定比例的配合饵料，成本低，生长快。

第二节 黄鳝饵料的投喂

一、黄鳝饵料的来源

黄鳝最喜欢吃的是活饵料，要能保证在生长期有足够的活饵供给，养殖户要因地制宜，根据本地区的情况安排不同季节的饵料供给。通常情况下，黄鳝饵料的来源主要有以下几种途径：

1. 养殖"茬口"的合理安排

通过食物链的转化为黄鳝提供部分饲料。在早春时可以在黄鳝池中引进一些蟾蜍、培育小蝌蚪或放一些白鲫、泥鳅，既可以防止黄鳝缠绕在一起，又可以自行繁殖为黄鳝提供活饵料。

2. 捞取小野杂鱼等活饵

主要是在自然界（如小溪、沟渠、河沟、塘堰、湖汊）中捕捞杂鱼、虾、螺、蚌等，偶尔有不方便时可购买。捕得的小鱼、小虾经切碎后投喂；螺蚌类则去壳后取肉切细或绞碎作补充饲料源，有钉螺的湖区，螺蚌要用盐水消毒才能投喂。用螺蚌喂黄鳝，带壳的需 22.5 千克左右，去壳的需 9~10 千克才能长 0.5 千克鳝肉。还可以在每天清晨，到小沟或水比较肥的水塘内用密布网捞取水蚤、轮虫等活饵。

3. 养殖池里套养

例如在黄鳝的养殖池里四周挂若干个竹笼，笼眼网

4～6目，将一定数量的种螺封闭于笼中，将螺笼2/3浸于水中，繁殖的幼螺大部分从笼眼中爬出，可为黄鳝摄食。也可到水渠、稻田捡螺去壳切碎喂鳝。

4. 寻找活饵

这类活饵主要是指蚯蚓等。

5. 培育活饵

这是目前小规模养殖黄鳝活饵的主要来源，可通过人工培育蚯蚓、蝇蛆、黄粉虫、河蚌等活饵。例如蚯蚓是黄鳝最喜食用的鲜活饵料，可以利用池边空地进行人工培育。用牛、猪、鸡等畜禽的粪便养蚯蚓，牛粪可不发酵，猪、鸡等的粪便要发酵。每10千克粪作基料可长0.5千克蚯蚓，用2.5～3.5千克蚯蚓喂黄鳝可长0.5千克鳝肉。

6. 养殖低值鱼

利用小坑塘以粪肥水养殖廉价的鲢鱼种，用4～5千克小鱼喂黄鳝，可长0.5千克鳝肉，目前广大农民朋友养鳝用得最多最广的就是这类低值鱼。

7. 充分利用屠宰场的下脚料

收集屠宰场畜禽的下脚料，进行合理利用；把畜禽的下脚料如血液、心肺与其内脏收集来，冲洗一下后剁细或绞碎煮熟后喂鳝。若嫌每次煮熟比较麻烦，用5%盐水进行消毒也可以。

8. 新鲜豆浆的配制

豆浆中含有较多的蛋白质，故投喂新鲜豆浆可以培育鳝苗及缓解黄鳝饵料的不足。

二、对饲料的适当加工

对于一些家庭养殖或养殖面积较小的养殖户来说，如果他们提供的一些活饵料比较充分的话，就可以直接投喂蚯蚓、蝇蛆、小杂鱼、动物内脏等饲喂黄鳝，这时的饲料可以不加工而直接投喂。对于一些较大的野杂鱼及动物内脏，也只需要切碎后就可以用来投喂黄鳝。

对于那些大规模饲养黄鳝的养殖户来说，如果是使用市购的全价配合颗粒饲料，也可以根据黄鳝的体重按比例直接投喂，不需要进行特别的加工。

而对于那些规模养殖户或养殖场来说，有时他们觉得颗粒饲料太贵了，养殖场的成本太高，而单一的天然饵料又满足不了要求，就会自己配制饲料，即对黄鳝浓缩料和普通鱼饲料进行简单再加工。只要配方得当，加工技术过关，同样能取得较好的效益，这也是一种值得推广的方法。

这种再加工的原料主要是鱼饲料，它的基本成分和蛋白质含量还是有保障的，通过再加工后，就可以往这些普通的鱼饲料里添加黄鳝浓缩料和蚯蚓、黄粉虫等物质。首先将购回的鱼饲料粉碎，有时也可在投喂前用水将饲料泡软，按当时估算的黄鳝重量以及它平时的吃食量为基础，称取适量的鱼饲料，并按1%的比例加入黄鳝浓缩料，再按0.1%的比例加入饲料黏合剂或按5%～10%的比例掺入小麦面粉，加入切碎的蚯蚓、蝇蛆、鱼肉、蚌肉、动物内脏等鲜料，加入适量水后，充分搅拌均匀，做成软软的长团状就可以了。有条件的还可以用绞肉机将其绞成细条状的软条饲料，放在自然环境下稍晾，不时地用手或耙子轻轻翻动。当晾晒到七成干时，便可逐池投喂。加工较好的饲料，下水后不容易散。软颗粒料或团料应现做现用，不宜久存。

三、四定投喂

1. 定时

野生黄鳝具有昼伏夜出的生活习性，习惯于夜间觅食，白天穴居。因此黄鳝放养初期投饲应在下午 16～17 时进行，待其逐渐适应后，提早投饲。通过这样驯养后的家养黄鳝，一般都可以在白天投饲。水温为 20～28℃的生长旺季，在上午 8～9 时，下午 14～15 时各投饲一次；水温在 20℃以下或 28℃以上，每天上午投饲一次。

2. 定量

黄鳝的投饲量与它的吃食量有密切关系，只有黄鳝吃得多，我们才能投喂得多。而黄鳝的吃食量又与水温有关，15℃左右开始摄食，15～20℃摄食量逐步上升，20～28℃摄食量最大，超过 28℃又逐渐下降。

所以在日常生产管理中，通常是根据养殖环境的温度来确定黄鳝的投饲率的。先正确估算养殖黄鳝的体重，然后根据体重和投饵率来确定投饲量。水温 20～28℃时，黄鳝摄食强度最大，生长最快，日投鲜活饲料量为黄鳝体重的 6%～10%，或配合饲料量为 2%～3%；20℃以下或 28℃以上日投鲜活饲料量为 4%～6%，配合饲料量为 1%～2%，每日投饵一次；当温度达到 0℃左右时，应少投饵或不投饵。

至于具体的日投饵量，还要根据实际情况加以增减。一般应在投饵后进行跟踪检查，投饵后 1.5 小时还吃不完，则说明饵料过量，下次投饲时要减少投饲量，如果长期饵料过剩，将败坏水质，造成疾病；如果半小时不到就已吃完，说明饵料量不足，则下次投饲要增加投饲量，天阴、闷热、雷雨前后，或水温高于 30℃，或低于 15℃，都要注意减少投饲量；室外池在下雨天，黄鳝很少吃食，可少投或不投。水温在 26～28℃ 左右时，是黄鳝旺长的好时机，要及时加大投饲量，日投两次。水温降至 10℃ 时，即可停止投食。

在网箱养殖黄鳝中，由于众多网箱中的黄鳝数量可能不尽相同，因此可以采用多次投料的方式。第一次投入总量的一半，过一会儿巡箱查看，并对已吃完的网箱进行补投，过一会儿再次巡箱，对料已吃完但仍有部分黄鳝在外张望的，应再次补投，以保证黄鳝摄食充足。

黄鳝在吃食时很贪食，当吃惯人工投喂的饲料以后，往往会一次吃得很多，或将大块的饲料吞入腹中，结果导致消化不良，几天都不吃食，严重的还会胀死。因此，一定要将饲料切碎，投饲时要少量多餐，一天的量要分 2～3 次投喂，投食的最高限量应控制在其体重的 10% 以内（鲜料或湿料重），初期投料应由少到多逐步添加。

3. 定质

黄鳝以荤食为主，饲料一定要新鲜，谨防变质，切忌投喂腐败食物。能煮的最好煮熟，病死动物肉、内脏和血最好不投饲。有条件的，最好投喂配合饲料，当然配合饲料也切忌变质发霉。配合饲料营养成分比单一饲料好，饲料系数低，黄鳝生长快，不易生病，成本也低。

据试验，在配合饲料中添加不少于 3% 的干蚯蚓对黄鳝具有相当的"诱惑力"。由于蚯蚓活体的含水量约为 80%，而风干蚯蚓的含水量约为 8%，则 1 千克干蚯蚓相当于 4.6 千克鲜蚯蚓，100 千克配合饲料在加工投喂时，应加入不低于 13.8 千克的鲜蚯蚓。在初期开食、驯食过程中，蚯蚓的加入量还应适当增加。蚯蚓不足的情况下，应采用蝇蛆、猪肝、蚌肉、小杂鱼等鲜料代替。

4. 定位

所谓定位，就是将饲料投在鳝池固定的位置。定位投饵可以使黄鳝养成定点吃食的习惯，便于观察吃食情况和清扫残料。鳝池中应有固定食台。食台用木框加聚乙烯网布做成，固定在一定位置上，饲料投于其上。食台是黄鳝群体争食的地方，应适当分散，多设几个。若没有固定食台，则选择固定投饲的地点。对于池塘养殖黄鳝来说，投饲点尽可能集中在池的上水口，这样饲料一下水，气味就流遍全池，使黄鳝集中吃食。使用水泥池养殖黄鳝的，直接将颗粒饲料撒在无水区即可；使用土池及网箱养殖的，可使用黏合剂将其拌和成团再投放到池内水草上。

第八章　黄鳝的繁殖

近年来，野生黄鳝的供应远达不到市场的需求，所以人工养殖黄鳝便兴盛起来，但与之相配套的黄鳝繁殖及苗种供应却远远没有跟上。黄鳝的人工繁殖，目前在国内外都还是一个没有完全攻克的难关。国内人工养殖黄鳝，并不像四大家鱼人工繁殖那样得到全国推广，究其原因就是它的技术并没有完全被掌握，目前常见的且有效果的繁殖技术一般是从黄鳝的自然产卵巢里采集天然受精卵，进行人工孵化，或模拟野外自然产卵环境，捕获性成熟的亲鳝在养殖池中进行人工采卵和人工授精，然后进行人工孵化或自然孵化。

虽然目前黄鳝规模繁殖技术尚未完全成熟，但一般的养殖户进行庭院养鳝或小面积养殖黄鳝时，只要掌握黄鳝人工繁殖技术，可以实现苗种的自我供应，降低养殖成本和风险。

第一节　亲鳝的培育

亲鳝培育是黄鳝人工繁殖的基础，没有成熟完全的亲鳝供应，是无法进行人工繁殖的。从技术角度讲，亲鳝的培育主要是对参与繁殖的雌、雄个体进行人工喂养，利用专门培育池进行培育和照顾，使它们的性腺达到成熟，然后顺利进入催产阶段，并为孵化提供保证。因此，亲鳝培育的程度，将直接影响黄鳝的受精、孵化和出苗等方面的效果。目前，亲鳝的培育多采用专池单养、强化饲养管理等方法。

一、亲鳝培育池的准备

按照科学的方法建造亲鳝培育池，不仅是给黄鳝修建一个理想的"婚房"，更是为了方便日常管理。

1. 亲鳝池的选择

亲鳝池直接关系到黄鳝亲本的培育情况，因此它的选择和处理对于黄鳝的繁殖来说是至关重要的。生产实践表明，亲鳝培育池应选择在通风、透光和环境安静的地方，同时要求这个地方靠近新鲜水源，例如河沟、湖泊等天然流动水体，这样应能满足亲鳝培育用水的需求，当然还要排灌方便。亲鳝池最好是水泥池，也可以用土池。池的面积应根据繁殖规模而定，面积不宜太大，一般面积10～20米² 左右，深约70～100厘米，水深15～20厘米，池底用黄土、沙子和石灰混合物夯实后，铺以较松软的有机土层30厘米左右。亲鳝池要栽植水葫芦、水花生等部分水生植物或喜湿的陆草，水泥池围墙高出水面60～70厘米。在培育池内再建一个多孔圆形或菱形幼鳝保护池，孔洞用小网目铁丝网与繁殖池隔开，水可自由流通。幼鳝可从网目中进入保护池内，而雌雄亲鳝不能入内，达到保护幼鳝的目的。

2. 亲鳝池的清整

除新建的亲鳝池以外，应当每年在亲鳝放养前对鳝池进行清整，这在亲鳝培育中是一件十分重要的工作。清整方法是先排干池水，挖出过多的淤泥，清除过多的杂草，排出陈水。如果池底有机质过多，可泼洒少量生石灰水。保持池底有一定的起伏，不要过于平坦。还要维修进、排水系统和防逃设施。在繁殖池内模仿稻田产卵环境条件，到了产卵繁殖季节，使亲鳝在其自然产卵环境中筑巢产卵，并巧妙地做一些幼苗收集设备。

二、雌、雄亲鳝的鉴别

黄鳝具有性逆转性，它们在初期是雌性的，到了后期就会转变为雄性。所以，对黄鳝进行雌、雄鉴别，一般均需在繁殖季节到来之前。有经验的养殖人员也可利用其个体差别、年龄、生长周期、外形等方面进行较为准确的判断。

1. 从个体大小来鉴别

由于黄鳝有性逆转特性，故以个体大小就区分雌、雄，准确度并不是太高。据观察与研究，一般野生黄鳝在体长 22 厘米以下时都是雌性；全长 22～30 厘米的个体，雄性占 5.2%；全长 30～36 厘米的个体，雄性占 41.3%；全长 36～42 厘米的个体，雄性占 90.7%；体长 45 厘米以上的黄鳝都是雄性。虽然用这种方法来鉴别具有方便简单的优点，适合野生条件下的黄鳝，但是在人工养殖的黄鳝群体中并不适用，这是因为在人工饲养时，提供的营养供应充足且品种有异，常常会出现一些性别与体长有出入的情况，故不能依靠以上标准来作判断，只能进行大致的判定。

2. 以年龄来作基本判定

根据黄鳝的生长发育特点和性腺发育的特殊性，一般2 年以内的都是雌鳝，3 年以上的都是雄鳝。

3. 从生长周期推断黄鳝雌雄

在黄鳝的发育初期，仔苗全为雌性；体长 22 厘米时，开始性逆转，为雌雄同体；雌鳝产卵后变为雄性。

4. 从形态和色泽两方面来加以鉴别

尤其是在繁殖季节，黄鳝均会显现出较易识别的性别特征。

雌鳝头部细小，不隆起，背部是青褐色，没有斑纹花点，腹部膨胀透明，性成熟的个体，腹部呈淡橘红色，并有一条紫红色横条纹，腹部肌肉较薄。繁殖时节用手握住雌鳝，将腹部朝上，能看见肛门前面肿胀，稍微有点透明且呈粉红色，体外可见卵粒轮廓，用手轻摸柔软而有弹性，生殖孔红肿。另外，雌鳝不善于跳跃逃逸，性情较温和。

雄鳝头部相对较大，隆起明显，体背可见许多豹皮状色素斑点，腹部呈土黄色，个体大的呈橘红色，腹部朝上，无明显膨胀，腹面有网状斑纹分布，生殖孔红肿，稍突出，用手挤压腹部能挤出少量透明状精液。

三、亲鳝的选择

1. 亲鳝的来源

亲鳝来源主要有市场上采购、野外捕捉，也可直接从黄鳝养殖池中挑选或采用人工专门培育的种苗。无论通过怎样的途径获得，都要在产前进行一段时间的强化培育。

2. 亲鳝的质量鉴别

为了确保黄鳝的繁殖能取得最好效果，在挑选亲鳝时最好要严格，以取得最好的收益。

一是养殖者应尽量选择生长较快的体色为深黄或浅黄

色的大斑鳝等优良品种。

二是在成熟度上选择已达到或接近性成熟的黄鳝，以腹部明显膨大，柔软富有弹性，肛门微红或不红者为母本；以腹部紧缩，尾部细瘦，体长明显大于母本者为父本。

三是亲鳝要求种苗体质健康，体表光滑不带伤痕，游泳迅速，体型肥大，色泽鲜亮，体色呈深黄色、黄褐色，凡肛门红肿或外翻者都不能采用。

四是亲鳝的来源要选择好，最好是从当地收购的笼捕、草堆诱捕或网捕的黄鳝中进行选择，对电捕、药捕等可能影响体质的黄鳝一概不能用作亲鳝培育。

五是一般雌鳝选择体长 20～30 厘米、体重 100～200克的个体为好；雄鳝应选择体长 50 厘米以上、体重200～500 克的个体为好。

3. 雌雄配比

一般情况下，黄鳝在繁殖季节中，雌雄比例为（2～3）：1。若是自然受精，则要求雄多雌少；若人工授精，则雄少雌多。也有人根据雌雄亲鳝的体重来决定性别配比范围，当雄鳝体重大于雌鳝体重时，为一雄多雌；一般为 1 雄 2 雌或 3 雌；当雄鳝与雌鳝体重相近时，为 1 雄 1雌；当雄鳝体重小于雌鳝时，为 1 雌多雄。当然，适当增加雄鳝的数量，可以刺激雌鳝产卵，可获得较高的产卵率及受精率。

四、亲鳝的放养

1. 放养时间

根据黄鳝的繁殖习性及亲鳝的培育要求，亲鳝的放养时间为每年 3 月上旬至 4 月中旬，确保亲鳝能在产前强化培育 1～2 个月。

2. 放养量

在专用的培育池里每平方米放养成熟良好的雌鳝 8～10 尾，体长为 20～30 厘米左右，同时放入体长 50 厘米以上的成熟良好的雄鳝 3～4 尾。雄鳝越大越好，颜色以黄褐色或青灰色为宜。在实际生产中，亲鳝往往是分期、分批进行投放。另外，可在亲鳝池中放养部分小泥鳅，以清除池中过多的有机质，改善水质，并在饲料供应不足时，为亲鳝提供活饵。有人提出，亲鳝的培育以雌、雄分池饲养为好，便于检查成熟程度。

3. 放养技巧

如果是在自己养殖的池塘里选择好亲鳝进行放养，就要方便得多，成活率也高得多。在操作时一要注意小心操作，不要损伤黄鳝的皮肤，也不要让黄鳝体表的黏液过度损失；二是在鳝种入池时要用 3％～5％食盐水溶液浸泡鳝体 10 分钟左右。

如果是从外地购进的鳝种，由于是刚从外地运输回来的，在运达培育池后，应及时解开包装，用温度计测量其水温，并与欲投放的池水温度相比较。如果两者的温差小于 3℃，则经过消毒处理后可直接投放；若温差大于或等于 3℃，则应将它们倒入塑料盆、桶内，漂浮于池面让其传热，直至水温相近才投放。有时为了方便起见，也可将装黄鳝的尼龙袋连同黄鳝和里面的水直接放在池子的水面上，要注意的是不要解开袋口，先一侧放在水中 10 分钟，然后将袋子翻个身，再放在水里 10 分钟，然后解开口袋，经消毒处理后放入培育池里。

五、亲鳝的养殖管理

人工繁殖的成败，关键在于亲鳝的培育。因此，对亲鳝应精心培育，严格管理。

1. 对培育池进行消毒

在放亲鳝前 10～15 天，用药物对亲鳝培育池进行清池，从而杀灭病菌、寄生虫和野杂鱼类。通常用的药物有生石灰、漂白粉、茶枯等，其中以生石灰消毒效果最好，它除了杀菌灭害之外，还可以改善底质，调节 pH 值，有利于亲鳝和天然饵料生物的生长发育。生石灰用量为：水深 5～10 厘米，每平方米 60～110 克，化水后趁热全池泼洒，第二天用带木条的手耙子把池泥和石灰乳剂搅合一遍，以充分发挥生石灰的作用。清池后，每隔 1～2 天就可注入新水。

2. 科学投喂

亲鳝在催产前需精心培育，使性腺达到成熟才能完成繁殖活动。由于培育好的亲鳝是为了繁殖所用，因此种鳝也不宜养得过肥，以免影响其正常的繁殖。投饵以活食为主，如蚯蚓、蝇蛆、黄粉虫、动物内脏、小鱼、小虾、螺蛳、河蚌肉和蚕蛹等，做到定点（食台）、定时、定质、定量投喂。尤其是 5～7 月份黄鳝繁殖季节，可喂以蚯蚓等优质饲料。日常投饵量视天气和黄鳝吃食情况而定，以保证亲鳝吃好、吃饱为原则。一般日投饵量为黄鳝体重的 2.5%～8%。保证饲料蛋白质含量高，以促进性腺发育。为了增加黄鳝体内的维生素等营养物质，也可投喂一些麦芽、饼粕和豆腐渣等植物性蛋白饲料，尽量使饲料多样化，以免因营养不足而影响繁殖。要注意的是，当黄鳝集体产卵期到来之前，应停喂一天。

3. 水质监控

水质管理也是亲鳝培育中的一条重要措施，尤其是保持水温相对稳定很重要。

根据投放的亲鳝的批次不同，亲鳝的产前培育期以4～7月为主。亲鳝培育池水深保持20～30厘米，经常加注新水，4～5月一般每周换水1次，6～7月一般每周换水2～3次，每次换水量为池水总量的1/3左右。当然，对换水应灵活掌握，当池水水质浑浊、有异味、黄鳝摄食量减少时，应随时排出老水，注入新鲜清洁的新水，保持良好水质，以防亲鳝受病菌感染。总的来说，要使亲鳝培育池保持水质的"肥、活、嫩、爽"的优质状态。另外，在培育池中放一些水生植物，如水浮莲、凤眼莲等，可起遮阴和保护作用。

还有一点也是亲鳝培育过程中不能忘记的，就是不管在哪个月份，在亲鳝临近产卵前10～15天应增加冲水次数，目的是通过水流作用来刺激亲鳝性腺的快速发育。可每天冲水1次，冲水时间不宜过长，以防亲鳝逆水溯游而消耗过多体力，减少体内营养的储备。

4. 日常管理

首先是坚持巡池。在培育亲鳝过程中一定要坚持每天早、晚巡池，特别是临近产卵或遇天气变化时更要增加巡池次数，夜间也应巡池。巡池的目的，是通过观察亲鳝的摄食、活动情况，观察天气变化和水质变化情况，以便及时发现问题，尽快采取对策。

其次是做好防止亲鳝逃窜的措施。由于亲鳝个体大，逃跑能力强，晚上出洞觅食很容易从破裂的围墙洞穴或进、排水管道中逃出。为此，平常要注意观察，发现漏洞及时填补。暴雨后，鳝池水位上涨，使防逃墙相对变矮，有时黄鳝也能从墙上逃走，对此要提高警惕。

最后就是做好鳝病的防治工作。亲鳝培育是从春季中期开始的，这时的温度条件也正适宜水霉菌传播，因此黄鳝容易感染水霉病；而到了夏季，由于高温和水质易受污染，黄鳝容易出现细菌性传染病。因此，要做好疾病的防治工作，减少疾病对亲鳝所造成的损失，防治措施：一是平时应定期消毒池水和工具；二是有针对性地投喂药饵；三是在发病时应隔离病鳝，及时治疗。

第二节　黄鳝的繁殖

一、催产和催产剂的使用

选择性成熟度好的亲鳝是催产成败的关键。尽管成熟的黄鳝在亲鳝池能自然配对繁殖，但由于产卵不集中，不能达到规模生产的要求。故在繁殖季节，要对亲鳝进行人工催情和催产，以使精巢和卵巢在人工控制条件下进入繁殖环境，顺利产卵和孵苗。因此，催产技术的应用和催产剂的科学使用非常重要。

1. 催产季节

虽然不同的水域里，黄鳝的繁殖季节有一定的差异，但在自然环境里黄鳝的繁殖季节一般集中在 5~8 月，繁殖盛期是 6~7 月。在人工养殖条件下，由于营养水平的提高，保温设施的介入，因此可以让黄鳝的繁殖季节略提前。尤其是当水温稳定在 20℃ 以上时，亲鳝已经完全摄食了，经过流水刺激后，亲鳝池中就有少数个体开始掘繁殖洞进行配对，此时，就可以进行人工催产了。因此，适宜的催产时间通常是 5 月底或 6 月上旬，南方地区可早一些，北方地区则可相应推迟一点。

2. 催产激素

常规鱼类催产用的三种激素均可应用于黄鳝催产，即绒毛膜促性腺激素（HCG）（简称绒毛膜激素）、鲤科鱼类脑垂体（PG）、促黄体生成素释放激素类似物（LRH-A，简称促黄体类似物）。研究认为，黄鳝对以上三种激素的敏感性要低于鲤科鱼类。LRH-A 为化学合成的生物试剂，具有易溶于水、使用方便、安全和一次性注射效果好等特点，因此在实际中用得较多。另外，HCG 也比较适合作黄鳝的催产剂，只是效果比 LRH-A 略差。

3. 激素用量

亲鳝使用的催产剂以选用 LRH-A 为主，其注射用量依据水温、亲鳝的性腺成熟程度和黄鳝个体大小而有所调整。

（1）雌鳝 体重 20～50 克时，每尾 1 次性注射用量 5～10 微克；体重 25～150 克时，1 次性注射用量 10～15 微克；体重 150～250 克时，1 次性注射用量 15～30 微克。

（2）雄鳝 在雌鳝注射后 24 小时再注射雄鳝，体重 120～300 克时，1 次性注射用量 15～20 微克；体重 300～500 克时，1 次性注射用量 20～30 微克。

如果用 HCG，体重为 15～50 克的雌鳝，每尾用药 500～1000 国际单位，一次注射；如果雌鳝较大，可适量增加。雌鳝注射 24 小时后，雄鳝减半注射。

如果采用 PG，15～50 克的雌鳝，每尾注射 2～4 毫克，一次注射。雌鳝注射 24 小时后，雄鳝减半注射。

当然，如果两种或三种催情剂混合使用，应根据情况，适当配比。

4. 药液配制

PG、LRH-A 和 HCG 三种催情剂都要用 0.6％氯化钠溶液溶解或制成悬浊液，注射量稀释后的药量控制在每尾黄鳝 1 毫升左右。配制药液时，要准确计算，使药液浓度适宜，若浓度过大，注射时稍有损失，就会造成催情剂用量不足；若浓度过稀，大量的水分进入鳝体，对亲体不利。LRH-A 和 HCG 这两种催产剂配制药剂时按产品包装标明的剂量换算，用生理盐水稀释溶解，达到所需浓度。PG 按所需的剂量称出，放入干燥洁净的研钵中干研成粉末，再加入几滴生理盐水研成糊状，充分研碎后，加入相应的生理盐水，配成所需浓度的悬浊液。

5. 注射方法

每尾亲鳝注射的催产剂量为 1 毫升。注射方法有肌内注射和体腔注射两种，生产中以后者为多。操作时，由一人将选好的亲鳝用干毛巾或纱布包住鳝体，防止其滑动，亦可用麻醉法，即用百万分之二的丁卡因或利多卡因或 0.15％敌百虫麻醉 2 分钟。保持亲鳝的腹部朝上，另一个人进行腹部注射，注射部位为腹腔或胸腔。针头用塑料胶管或胶布缠绕，外露 3～5 毫米，要煮沸消毒后使用。宜用 2～5 毫升的金属连续注射器。注射时，进针方向大致与亲鳝前腹成 45 度角，针头先刺进胸部皮肤及肌肉，在肌肉内平行前移约 0.5 厘米，然后插入胸腔注射，注射垂直深度为 0.2～0.3 厘米，不要超过 0.5 厘米。由于药物对雌、雄亲鳝的效应不同，雌鳝产生药效比雄鳝慢，因此在实际操作时，雄鳝的注射时间须比雌鳝推迟 24 小时左右。注射时间在中午到下午 1 时为好，注意避开强光。注射好的雌、雄亲鳝放入网箱或水族箱中暂养，雌、雄要分开，水深保持 30～40 厘米，每天换水一次，注意经常注入新水，约 1/2 水量。暂养 40～50 小时后，即可观察亲鳝的成熟及发情情况。

6. 效应时间

亲鳝在注射催产剂后，效应时间为 2～4 天。效应时间与催产剂量没有关系，但与注射次数及当时的水温有密切关系。多采用腹腔注射，效果较好。

由于亲鳝的大小和成熟度不一致，同批注射的亲鳝，其效应时间长短差别很大，因此要持续不断检查。在水温 25℃ 左右时，注射 40 小时后每隔 3 小时检查一次。要检查到注射后 80 小时左右。检查的方法是：捉住亲鳝，用手触摸其腹部，并由前向后移动，如感到鳝卵已经游离，则表明开始排卵，应立即进行人工授精。

二、自然产卵

给黄鳝注射激素后，可让其自然产卵，也可进行人工授精。

自然产卵就是在进行人工注射激素催产后，将亲鳝放入产卵池，不久，雌、雄鳝便掘繁殖洞配对，待金黄色卵子产出后，立即将受精卵捞入孵化池（器）孵化。这种产卵的特点是对鳝体伤害较小，卵子受精率高，但需要较大的产卵池和较多的雄鳝。

三、人工授精

人工授精就是借助人工的力量，将黄鳝的卵子和精子进行结合的过程。这种授精的优点是不需要专门安排产卵池，繁殖用的雄鳝也少，这对于节省生产资金是大有好处的。但人工授精也有其缺点，就是由于人工操作，可能会对鳝体造成较大的伤害，另外卵子受精率低。

在人工授精前，先将经检查并达到良好发育的雄鳝准备好，放在水族箱或网箱中待用。将开始排卵的雌鳝取出，用干毛巾裹住，使其腹部外露，操作员一手利用干毛巾抓住黄鳝的前部，另一手由前向后挤压雌鳝腹部，部分亲鳝即可顺利挤出卵，但也有部分亲鳝会出现泄殖腔堵塞现象，此时可用小剪刀在泄殖腔处向内前开 0.5～1 厘米，然后再将卵挤出，连续 3～5 次，挤空为止。卵放入预先消毒过的干玻璃缸或瓷盆等容器中，容器的内面一定要光滑。与此同时，快速将准备好的雄鳝杀死剖腹，取出精巢，用干毛巾擦净血迹，取一小部分精液放在 400 倍以上的显微镜下观察，如精子活动正常，即可用剪刀把精巢迅速剪成碎片，放入盛有卵的盆中。然后用羽毛轻轻搅拌，边搅拌边加入生理盐水，以能盖住卵为度。充分搅匀后，放置 3～5 分钟，再加清水洗去、吸出精巢碎片、血污、破卵、浑浊状的卵，将受精卵移入孵化场所孵化。这个全过程就是黄鳝的人工授精。

四、人工孵化

由于鳝卵的密度大于水，因此，人工孵化时，可根据产卵数量选用玻璃、瓷盆、水族箱、小型网箱等，把卵摊开、平放。

　　首先把鳝卵放入清水中漂洗干净，拣出杂质、污物。然后把卵放在筛网上均匀铺薄薄一层卵，筛网浮于水泥池中的水面上，即可孵化。使鳝卵的 1/3 表面露出水面，并保持微流水，水泥池一边进水，一边溢水。在孵化期间要注意观察胚胎发育情况，及时拣出死卵，冲洗掉碎卵膜等。技术得当，水温在 $20\sim30℃$，经过 $5\sim8$ 天即可出膜。底铺的细沙可防水霉病，还可帮助胚体快速出膜。因为正常的胚胎在出膜前不停转动，活动剧烈，与细沙产生摩擦而加速卵膜破裂，使之早出膜。出膜的幼苗放入大瓷盆、水族箱及小水泥池中饲养，水深 $3\sim5$ 厘米，每天换水 1/3，至卵黄囊吸收完毕后即可放入幼苗培育池中。

第九章 黄鳝苗种的培育

黄鳝的种苗培育是指将人工繁殖或天然采集的鳝苗用专池培育成能供养殖成鳝用鳝种的养殖方式。一般是将刚孵化的鳝苗进行分阶段培育，先培育成体长 2.5～3.0 厘米的鳝苗，再培养到平均体长 15～25 厘米、平均体重 5～10 克规格的鳝苗，当然也可以进行一次性培育到位。由于人工繁殖鳝苗相对滞后，故黄鳝种苗培育开展得不是太普及。随着黄鳝生产的发展，对种苗的需求量越来越大，解决批量种苗生产问题迫在眉睫。

第一节 黄鳝苗种的来源

由于目前黄鳝的人工繁殖技术尚未全面普及，普通养殖户进行人工繁殖还有一定难度，因此鳝种的来源除了依靠全人工繁殖培育的途径获得外，仍然要靠从市场上采购鳝种、捕取天然受精卵进行孵苗、直接捕取天然鳝苗的途径获得。

一、从市场上采购黄鳝苗种

1. 采购途径和方法

从市场上采购鳝苗鳝种，途径一般有三条：一是到农贸市场或水产品批发市场随机采购；二是从固定的熟悉的小商贩手中采购；三是到固定的黄鳝养殖场进行采购。

这三种途径第一种质量得不到保证，通常会有电捕鳝、药捕鳝、钩钓鳝在其中，往往会发生购回家就大量死亡的现象。另外由于乡镇农贸市场黄鳝收购一般都有垄断性，因而有压价及半路拦购的。第三种途径价格往往会很高，但是质量和规格都能得到保证。第二种途径很适合普通养殖者，当我们直接从捕鳝者或收购商手上收购时，一定要向他们说明意图，要求捕鳝者在存放时采取措施，尽可能防止发烧。和收购商谈好转买价格，给出相对优惠的价格，然后对前来交售黄鳝的农户一家一家地查看，将认为合格的黄鳝收来养殖，一般质量也比较可靠。

如果自己在当地有一定人脉，可以尝试在收购之前自己去联系捕鳝的农户，要求他们将鳝苗保管好，价格可以给高一点。保管方法是：捕鳝者每次都必须用桶装鳝，在桶里放一些湖水或者沟水、池塘水，少一些没有关系；捕鳝者带水把黄鳝拿回家之后也必须用湖水或池塘水储存，等待上门收购。由于增加了劳动强度，给出的价格稍高一些也是值得的，尽量多联系一些，每天上午统一收购回来，运回来也必须带水运输，不需要太多的水，每一个网箱都要一次放满。自己收购虽然麻烦一些，但效果很好，成活率也很高，价格比从收购商那儿收购要便宜些。

在收购时要注意三点要求：一是收购商必须每天早上亲自上捕捉黄鳝的农户家中把当天早上的黄鳝苗收回来；二是在运输和储存的过程中都必须要用湖水或河水，绝对不能用井水、泉水或自来水，最重要的是注意温差，应不超过3℃，以免黄鳝感冒，运输过程中尽量多带水，不能不带水运输，以免黄鳝发烧；三是起捕或储存时间过长的坚决不要。

2. 采购的质量和品种要求

在购买鳝种时，要选择健壮无伤的一直处于换水暂养状态的笼捕和手捕黄鳝种苗作为饲养对象，切忌使用钩钓来的幼鳝作鳝种。咽喉部有内伤或体表有严重损伤的，易生水霉病，有的不吃食，成活率低，均不能作鳝种。鳃边出现红色充血或泛黑色，体色发白无光泽、瘦弱的也不能用作鳝种。凡是受到农药侵害的黄鳝和药捕的黄鳝都不能作种苗放养，这些黄鳝一般全身乏力，一抓就抓住了，缺少活力。将欲收购的黄鳝倒入水中，看其是否活跃，对在水中反应迟钝、打桩的黄鳝不要收购。

一般可以将黄鳝分为三种：第一种，体色微黄或橙黄，体背多为黄褐色，腹部灰白色，身上有不规则的黑色斑点，这种鳝生长快，最大个体体长可达 70 厘米，体重 1.5 千克左右，每千克鳝种生产成鳝的增肉倍数是 1：（5～6）；第二种，体色青黄，这种鳝生长一般，每千克鳝种生产成鳝的增肉倍数是 1：（3～4）；第三种，体色灰，斑点细密，这种鳝则生长不快，每千克鳝种生产成鳝的增肉倍数是 1：（1～2）。因此，从养殖效益来看，在选择养殖品种时，还是要选择第一种。

3. 在大规模养殖场中购买鳝种时的技巧

在一些提供苗种的养殖场，都会有一些高密度临时存放黄鳝的池子，可以通过在池子里观察黄鳝的活力和反应来判断黄鳝的优劣。

首先看黄鳝的反应。一般质量较好的黄鳝在水池内会全部迅速游开并躲到水草下或钻入泥中，很少会有黄鳝在没有水草的水体中停留。如果发现黄鳝长时间伸头出水且向上一动不动的（也称"打桩"），一般为病鳝，应予以剔出。伸头出水较多的，则全部不要。

其次是看黄鳝的集群反应。一池子的黄鳝中，大部分黄鳝是喜欢在一起的，如果发现有极少数几条黄鳝待在一边，那就说明可能有毛病，不适宜选购。

再次是看黄鳝在池壁和草丛中的反应。如果黄鳝在池边或水草上不断地用身体摩擦，爬到水草面上烦躁不安，或在池内翻滚，肚子朝上，说明该池黄鳝可能有寄生虫感染，或是有其他疾病，不宜选购。

最后就是看黄鳝的摄食欲望。让鳝池保持微流水，投入切碎的蚯蚓、猪肝、河蚌肉、鱼肉等（有蝇蛆的也可采用经烫死的鲜蛆），如果黄鳝的摄食欲望很强烈，则说明是优质黄鳝，否则很可能是患病的，也不能选购。

二、直接从野外捕捉野生黄鳝种苗

捕捞天然鳝苗进行苗种培育有较高的经济价值，能节约成本，减少生产开支，是容易在广大农村推广的方法之一。野生黄鳝种苗的采集方法也有多种，效果都非常不错。

第一种方法是灯光照捕，就是在春夏之间，在晚上点柴油灯照明，也可用电灯，沿田埂渠沟边巡视，一旦发现有出来觅食的黄鳝，就立即用灯光照射，这时黄鳝一动不动，可用捕鳝夹捕捉或徒手捕捉。在捕捉时，要注意保护鳝体的安全，尽可能不损伤黄鳝的身体，捕到的黄鳝苗应该马上放养。

第二种方法是用鳝笼捕捉，在春末，气温回升到15℃以上时，在土层中越冬的鳝种苗纷纷出洞觅食，这时是捕捉鳝种的最好季节。这个阶段的野生鳝苗的捕捞既可在湖泊河沟进行，也可利用春耕之际在水田内进行。其他季节可利用黄鳝夜间觅食的习性来捕捉。捕捉方法以鳝笼诱捕和手捉为好。每年 4～10 月，可以在稻田和浅水沟渠中用鳝笼捕捉，特别是闷热天或雷雨后，出来活动的黄鳝最多，晚间多于白天。可于晚上 9～10 时或者雷雨过后，将鳝笼放在田间水沟里经常有黄鳝活动的地方，几个小时以后将鳝笼收回，就可以捕捉到黄鳝。用鳝笼捕捉黄鳝时，要注意两点：一是最好用蚯蚓作诱饵，每只笼子一晚上取鳝苗一次；二是捕鳝笼放入水中的时候，一定要将笼尾稍稍露出水面，以便使黄鳝在笼子中呼吸空气，否则会闷死或致其患缺氧症。黎明时将鳝笼收回，将个体大的黄鳝种苗出售，小的留作鳝种。用这种方法捕到的黄鳝种苗体健无伤，饲养成活率高。

第三种方法是用三角抄网在河道或湖泊生长水花生的地方抄捕。在长江中游地区，每年 5～9 月是黄鳝的繁殖季节，此时自然界中的亲鳝在水田、水沟等环境中产卵。刚孵出的鳝苗体为黑色，有相对聚集成团的习性。每年 6 月下旬至 7 月上旬在有鳝苗孵出的水池、水沟中放养水葫芦引诱鳝苗，捞苗前先在地面铺一密网布，用捞海将水葫芦捕到网布上，使藏于水葫芦根须中的鳝苗自行钻出到网布上。

第四种方法是食饵诱捕，在每年的 6 月中旬，利用鳝喜食水蚯蚓的特性，在池塘靠岸处建一些小土埂。土埂由一半土、一半马粪、牛粪、猪粪拌和而成，在水中做成块状分布的肥水区，这样便长出很多水蚯蚓。自然繁殖的鳝苗会钻入土埂中吃水蚯蚓，这时可用筛绢小捞海捞取鳝苗，放入幼鳝培育池中培育。

第五种方法就是在黄鳝经常出没的水沟中放养水葫芦，6月下旬至7月上旬就可收集野生鳝苗。方法是：先在地上铺一塑料密网布，用捞海把水葫芦捞至网布上，原来藏于水葫芦根中的鳝苗会自动钻出来，落在网布上。收集到的野生鳝苗可放入鳝苗池中培育。

在这里必须强调的一点就是应在每天上午将当天捕捉的黄鳝收购回来，途中时间不得超过4小时。收购时，容器盛水至2/3处，内置0.5千克聚乙烯网片。鳝苗运回后立即彻底换水，换水的比例达1∶4以上。浸洗过程中，剔除受伤和体质衰弱的鳝苗。1小时后，对黄鳝进行分选，按不同的规格大小放入不同的鳝池。整个操作过程，水的更换应避免温差过大，水温高低相差应控制在2℃以内。

三、利用人工养殖的成鳝自然孵苗

这种方法获得的鳝苗，有成熟率高、对环境适应性强和群众易接受等特点。

首先是选择亲鳝。每年秋末，当水温降至15℃以下时，从人工养成的黄鳝中选择体色黄、斑纹大和体质壮的个体移入亲鳝池中越冬，一般选择平均体长36～40厘米、体重100克左右的黄鳝。

其次是越冬管理。为了确保黄鳝的亲鳝在来年能更好地繁殖幼鳝，一定要做好越冬管理工作。在越冬期间要注意尽可能自然越冬，不要刻意地人为加温并投喂饵料，这对亲鳝的性腺发育是不利的。当然也不要冻伤亲鳝，越冬土层至少要保证30厘米以上，在天寒时还要在最上面覆盖一层稻草来保温。

再次就是亲鳝的培育。第二年春天，当水温升至10℃以上时，就可以少量投喂黄鳝爱吃的动物性饵料；当水温达到15℃以上时，则要加强投喂，多投活饵，并密切注视其繁殖活动情况，并在中午时适当冲水刺激，以利黄鳝的性腺发育。

最后是密切注意亲鳝的发育。5月中旬亲鳝开始产卵，一旦发现鳝苗后及时捞取并进行人工培育。刚孵出的鳝苗往往集中在一起呈一团黑色，此时，护幼的雄鳝会张口将仔鳝吞入口腔内，头伸出水面，移至清水处继续护幼。寻找仔鳝时，要耐心、仔细，一旦发现仔鳝因水质恶化绞成团时，应及时用捞海捞出，放入盛有亲鳝池池水的桶中，如果发现不及时，第2天仔鳝往往就钻入泥中，难以捕起。

四、捞取天然受精卵来繁殖

对于农村养鳝户来说，黄鳝的人工繁殖有一定的操作技术难度，单纯依靠人工繁殖来获得黄鳝苗种不是十分保险的。所以，在黄鳝自然繁殖季节从野外直接捞取受精卵，再进行人工集中孵化，这种方法的成本较低，而且获得鳝苗的数量较多。首先是在5～9月间，于稻田、池塘、水田、沟渠、沼泽、湖泊、浅滩、杂草丛生的水域及成鳝养殖池内，寻找黄鳝的天然产卵场。这种产卵场是有特点的，一定要寻找一些泡沫团状物漂浮在水面，这就是黄鳝受精卵的孵化巢，当发现产卵场后，应立即进行捕捞，用布捞海、勺、瓢或桶等工具将卵连同泡沫巢一同轻轻捞取起来，暂时放入预先消毒过的盛水容器，然后放入水温为25～30℃的水体内孵化，以获得鳝苗。

五、人工繁殖获得鳝苗

人工繁殖获得鳝苗就是指用人工催情繁殖而获得鳝苗的方法。这种方法的优点是能获得批量的苗，质量也有所保证；缺点是操作上技术要求较高，操作程序也较为复杂，在前文已经阐述。

第二节 黄鳝苗种培育的习性

一、黄鳝苗种培育的意义

在自然界中的野生黄鳝，它们的后代在存活过程中由许多因素决定，例如被敌害吞吃、受水质污染、农药的药害，还有其他环境的变化与影响等，都会导致野生的鳝苗成活率非常低。为了提高黄鳝苗种的成活率，保证鳝苗的快速生长，为人工养殖提供更多的优质鳝苗，因而需要进行专门建池培育。还有一个重要原因就是在苗种培育过程中，可以强化对野生苗种的驯食训练，这对于大规模的人工养殖是非常有好处的。

二、黄鳝种苗的食性

1. 刚孵出的营养来源

黄鳝仔鳝刚孵出后的几天里，仍然靠卵黄囊维持生命。等鳝苗孵出后 5～7 天，全长达 28 毫米左右，卵囊完全消失，胸鳍及背部、尾部的鳍膜也消失，色素细胞布满头部，使鳝体呈黑褐色。仔鳝能在水中快速游动并开始摄食水蚯蚓，消化系统基本上发育完善并开始自行觅食。

2. 鳝苗期的食性

黄鳝苗的食谱较广，根据研究表明，此阶段黄鳝苗主要摄食天然活体小生物，如大型枝角类（俗称红虫）、桡足类、轮虫、水生昆虫、水蚯蚓、孑孓、硅藻和绿藻等，特别喜食的水生活体小动物是水蚯蚓、枝角类和桡足类等。随着身体的不断增长，黄鳝苗的食性也会发生改变，慢慢地喜食陆生蚯蚓、黄粉虫和蝇蛆等，同时开始摄取较大型的饵料动物（如米虾、蝌蚪），也兼食一些植物性饵料（如硅藻、绿藻等）。

3. 相互残食性

鳝苗虽小，但长到一定程度时也具备了成鳝的一些基本特性，例如相互残食性。研究表明，全长 10～20 厘米的性腺未成熟的鳝种，已具有残食同类的习性。它们不但可以吞食更小的鳝苗，还吞食鳝卵，所以在人工培育时要注意防止这种残食行为发生。

4. 鳝苗的摄食呈季节性

研究表明，对黄鳝苗前肠内容物进行解剖发现，在一年四季的鳝苗培育过程中，泥沙成分以春季所占比例最大，腐屑也以春季所占比例最大，而饵料生物则均在夏、秋季所占比例最大，说明夏、秋两季是黄鳝种苗阶段的摄食旺季。

三、鳝苗的生长速度

黄鳝种苗的生长速度与饵料的丰歉有直接的关系，在饵料充足的情况下，生长速度相当快。刚孵出的鳝苗体长 1.2～2.0 厘米，孵出后 15 天体长可达到 2.7～3.0 厘米，经 1 个月的饲养可长到 5.1～5.3 厘米，到当年 11 月中旬体长可达 15～24 厘米。

第三节 黄鳝苗种的培育

黄鳝苗种的培育包括黄鳝幼苗的培育和鳝种的培育，即从黄鳝孵出幼苗后先培育到体重 5 克左右的小鳝种，再进行第二阶段的培育，也就是将小鳝种从 5 克左右培养到 20 克左右的大规格鳝种。由于这两个阶段是联系在一起的，故本节将两者放在一起讲述。

一、培育池

从事黄鳝培育，可采用土池、水泥池、网箱进行。水泥池可分为有土和无土两种形式。但是在生产实践中，用得最多的还是小水泥池，面积以小为宜，通常不超过 10 米²，深度较浅为宜，池深 30～40 厘米，水深 10～20 厘米。上沿应高出水面 20 厘米以上，池底加土 5 厘米左右。此外，水泥池要有防逃的倒檐。

培育鳝苗的小池对环境还有一定的要求，主要包括周围环境安静、避风向阳、水源充足且便利、进排水方便、水质清新良好、无污染。

由于鳝苗在培育过程中，生长速度差异性很大，因此在准备好鳝苗池外，还要准备几个分养池。随着个体的长大，鳝苗对水体的空间要求大一些，通过分级培育可解决大小个体争食问题，也可避免大小个体的残食现象。

二、其他培育设施

能够培育鳝苗的设备较多，如水桶、水缸和瓷盆等盛水容器也可用来培育鳝苗,尤其适合小规模的培育,但必须在室内进行。此外,培育后期需移至室外水泥池中。容器内要放入小石块,垒起的石块留一些缝隙供鳝苗栖息。放入石块后,注水 5 厘米左右,水面到容器顶端的距离保持在 10 厘米以上。

三、池塘清整

冬季排干池水,清除多余的淤泥(保留 20～30 厘米厚),曝晒池底。在放苗前 10～15 天,对培育鳝种的土池还必须进行再一次的清整,即清除塘底淤泥,修补漏洞,疏通进排水道,然后注入部分水(土池注水 10 厘米,水泥池注入 5 厘米)。选择晴天,用生石灰化水泼洒消毒,每平方米用量为 100～150 克,杀灭青蛙、蝌蚪及野杂鱼类,放苗前 3～5 天注入新水备用。鳝种培育池宜选用小型水泥池。

四、栽种水草

水草在黄鳝幼体培育中起着十分重要的作用,具体表现在:模拟生态环境,提供鳝苗部分食物,净化水质,提供氧气,为鳝苗提供隐蔽栖息场所,在夏季高温时可以为鳝苗遮阴,提供摄食场所和防病作用。

培育池中的水草通常有菹草、水花生、水葫芦等水生植物,栽种水草的方法是:将水草根部集中在一头,一手拿一小撮水草,另一手拿铁锹挖一小坑,将水草植入,每株间的行距为 20 厘米,株距为 15～20 厘米,水草面积占池内总面积的 30%～40%。

五、水体培肥

为了让黄鳝苗种在进入培育水体后就能摄食到适口的浮游生物，必须对水体进行培肥，可投放 0.2 千克/米^2 熟牛粪或 0.15 千克/米^2 发酵鸡粪，以培肥水质。为加强效果，可同时施无机肥尿素 0.15～0.20 千克/池，用来培肥水质。几天后，水体中的浮游生物即可达最高峰，此时下苗，可以提供部分黄鳝幼体喜食的活饵料，有利于鳝苗的顺利生长。

六、放养鳝苗

1. 测试水质

在计划放苗的前一天，对水质进行余毒测试，以确定水中生石灰的毒性是否消失。原则上是用鳝苗试毒，实际生产上常用小野杂鳝如麦穗鱼、幼虾（青虾）等代替鳝苗，放于网袋里置于水中，12 小时后取样检查。若发现野杂鱼未死亡且活动良好，说明水质较好，可以放苗。

2. 放苗时间

种鳝产卵 10 天后，一般鳝苗即会孵出。待鳝苗孵出后，应在 5 天之内将其捞入培育池进行专池培育。

养殖者也可以黄鳝的生长特性进行温度推算来确定放养时间，由于鳝苗的身体比较虚弱，需要稳定的温度条件作保障，因此为慎重起见，初养者一般在每年的 6 月 25 日以后放苗为好。此时气温基本稳定在 30℃ 以上，并且晴天早上的空气温度和水温基本持平，这样能最大限度地避免黄鳝因为离水时间过长产生温差而感冒。第 2 年技术成熟之后，可以稍微提前到 5 月 20 日左右，延长吃料时间，可以明显增加经济效益。

鳝种的放养与鳝苗的放养有所区别。鳝苗经过精心饲养，当年可长成体重 20 克以上的幼鳝种，这时就要分池培养。鳝种池的清整方法同前面的鳝苗池清整方法是一样的，只是放养时间要提前，这样可以为当年养殖成鳝提供更多的生长时间，有利于黄鳝的快速生长。每年 3 月底至 4 月初放养，密度视养殖条件和技术水平而定。

3. 放养密度

在小型池塘里对鳝苗进行培育时，放养的密度以 100～200 尾/米^2 为宜。如果是在水泥池中培育，密度可以更高，放养量达到 400～500 尾/米^2。当然具体的放养量还要看鳝苗的质量来定，一般原则是苗规格小少放，规格大多放。放苗日期早就少放，放苗日期晚就多放。

鳝种的放养量为每平方米 80～160 尾（2～6 千克）不等。要求体质健壮，体表无伤，大小规格整齐。

4. 放苗操作

放苗期间应该多关注天气情况，放苗时的天气必须选择连续晴天的第二天。上午把苗运回家之后，放在阴凉的地方，先在容器内培养 2～3 天后，由于仔鳝苗对环境的适应能力较差，在入池前，应将培育池的水温调整至与原池或运输容器内的水温相近（温差不超过 2℃），再将鳝苗移入育苗池。

鳝种在放养时一定要轻手轻放，同池养的鳝种规格大小要一致，黄鳝的苗种只要放入另一水体，就要消毒。一般用 1%～3% 食盐水浸泡 10～15 分钟；或用高锰酸钾每立方米水体 10～20 克浸泡 5～10 分钟；或用聚维酮碘（含有效碘 1%），每立方米水用 20～30 克，浸泡 10～20

分钟；或用四烷基季铵盐络合碘（季铵盐含量50%），每立方米水体用0.1～0.2克，浸泡30～60分钟。

在放养鳝种前需要对后期进行培育的鳝苗作质量上的检查，以确保为以后成鳝养殖提供质量更好的大规格鳝种。检查鳝苗的质量可以从以下几个方面入手：

一是看鳝种的体表。如果黄鳝的头部、肛门或者体表的任何部分出现肿胀、发红、充血等症状，则说明这批苗种在培育、储存、运输过程中有处理不当的地方，不能继续培育。

二是看鳝种的伤势。如果鳝种身体任何地方受伤，尤其头部受到损伤时，则尽量把受伤的剔除，不能放在一起进行下阶段的培育。

三是看鳝种的动作。先把从鳝苗池里捞出的部分黄鳝苗种放进水中，水深以浸没黄鳝超过10厘米为好。健康的黄鳝全部会沉入水中，即使偶尔伸头呼气也会马上沉下去。

四是用手抓来判断鳝种的质量。健康的黄鳝活泼好动，用手不容易抓住，在水中只能看见倒立的尾巴，头部相互交错埋藏在水的最深处，即把黄鳝放在水里应只看见尾巴，看不见头。如果黄鳝长时间把头伸出水面，或者浑身瘫软，一抓一大把，则很可能是不健康的黄鳝。若只有部分黄鳝有不健康的症状，则尽量把行为异常的剔除掉，这样可以保证下阶段的培育成活率。

5. 在鳝种培育阶段放养泥鳅

泥鳅活泼好动，在鳝种培育池中放养少量泥鳅，对增加池塘水中溶氧、防止黄鳝相互缠绕、清理黄鳝饲料能起到一定的作用。因此，在鳝种培育阶段建议放养少量泥鳅，但是由于泥鳅抢食快而黄鳝吃食较慢等原因，建议鳝鳅混养时要注意以下几点：一是泥鳅的快速抢食会给黄鳝的正常驯食带来困难，造成驯食不成功，因此在投喂时可以先让泥鳅吃饱，然后再喂黄鳝；二是泥鳅投放时的规格一定要小，数量要少，达到目的就可以了，如果泥鳅规格大，它不但会和黄鳝争食，还可能以大欺小，甚至撕咬、吞食更小的鳝种。

七、投饵

1. 分养前喂养

刚孵化出的仔苗不能摄食，主要靠吸收卵黄囊的营养来维持生命，在这期间可不投喂食物。鳝苗孵出后 5～7 天，消化系统就可发育完善，卵黄囊已基本吸收完，与之相对应的是卵黄囊消失，此时鳝苗开始自己自由觅食。鳝苗的食谱广泛，但主要摄食天然活体小生物，如大型枝角类、桡足类、水生昆虫、水蚯蚓和孑孓等，最喜食水蚯蚓和水蚤。开口饵料以水蚯蚓为佳，所以在鳝苗放养前，必须用畜禽粪培育水质，培育大型浮游动物，还要引入水蚯蚓种，以繁殖天然活饵供鳝苗吞食；也可用细纱布网捞取枝角类、桡足类投喂；还可用煮熟的鸭蛋黄用纱布包好，浸在水中轻轻搓揉，可取流出的蛋黄液来投喂鳝苗。最初每 3 万尾约投喂一个鸡蛋的蛋黄，以后逐步增加，以"吃完不欠，吃饱不剩"为宜。以后逐步在蛋黄中增加投喂水蚤、水蚯蚓、蝇蛆及切碎的蚯蚓、河蚌肉等，蚯蚓等动物的浆要打细，最初可先按总量的 10% 加入，以后逐步增加。

2. 分养后喂养

经过 1 个月左右饲养后，鳝苗粗壮活泼，体长 5～8 厘米左右，进行第一次按大小分级饲养，并将达到 10 厘米的大鳝种选出，移入育肥池饲养。在分养时首先检查黄鳝苗的质量，然后分级，一般分大、中、小三级，方法是：把最小的和最大规格的分别拿掉，各单独放在一个桶中，留下中等大小规格的，再按不同的规格进行不同的饲养与管理。分养时动作应该尽量迅速，减少黄鳝离水的时间。

在分养后，可以投喂蚯蚓、蝇蛆和杂鱼肉酱，也可少量投喂麦麸、米饭、瓜果和菜屑等食物。日投 2 次，上午 8～9 时、下午 16～17 时各投喂 1 次，日投饲量为体重的 8%～10%；第二次分养后，可投喂大型的蚯蚓、蝇蛆及其他动物性饲料，也可喂鳗鱼种配合饲料，鲜活饲料的日投饲料为体重的 6%～8% 左右。当培育到 11 月中下旬，一般体长可达到 15 厘米以上的鳝种规格，此时水温可能下降至 12℃左右，鳝种停止摄食，钻入泥中越冬。生产中的投喂在适温情况下多喂、勤喂，在水温 5℃以下摄食量下降，可少喂；在雨天，要待雨停后投喂。

八、水温调控与管理

水是黄鳝等鱼类生存的基础条件，水质调节与管理在鳝苗培育中尤为重要，水温调节的核心内容就是防止培育池中的温度过高或过低而造成对鳝苗鳝种生长的影响。鳝苗池应水源充足，水质优良。鳝苗喜生活在水质清爽且肥、活和溶氧量丰富的水环境。根据黄鳝习性，25～28℃的池水温度最适宜黄鳝种苗生长，但在炎热的酷暑夏季，有时水温高达 35～40℃，故要有调节遮阳、降低水温的措施。调节水温措施：

一是保持适当的水深，一般鳝苗池水深保持在 10 厘米左右，经常换注新水，保持水质清新，同时可以降低水温。一般在春、秋季 7 天换水 1 次，夏季 3 天换水 1 次。高温季节可适当加深水位，但不要超过 15 厘米，因鳝苗伸出洞口觅食、呼吸，如水层过深，易消耗体力，影响生长。要经常清除杂物，调节水温。

二是在池中种植一些遮阳水生植物，如水葫芦、水浮莲和水花生等水生植物，这样既可净化水质，又可使鳝苗有隐蔽遮阴的地方，有利于鳝苗的生长。

三是在鳝池中放入较大的石块、树墩或瓦片，做成人工洞穴，以利鳝苗栖息避暑，还可在鳝池周围栽些树木或在池边搭棚种藤蔓植物或种瓜搭架，遮挡强烈的太阳。

到了 11 月，长大的鳝苗随着温度降低，会钻入泥下穴中越冬。此时要做好幼鳝的越冬管理，冬季鳝种越冬时，要注意防寒、保暖。当水温下降到 10℃ 以下，应将池水排干，但又要保持底泥一定水分，并在上面覆盖10～20 厘米厚的稻草或草包或其他杂草，使土温保持 0℃ 以上。这时也要小心，不要放太多太重的东西，以防重物压没洞穴气孔，而导致黄鳝缺氧窒息。若是无土过冬，则要把黄鳝用网箱放到深水（1 米左右），上面再加盖水花生30～40 厘米，以免鳝体冻伤或死亡，确保安全过冬。在北方下大雪结冰时，黄鳝种过冬可集中起来，搭个塑料薄膜大棚，不结冰就行。另外，注意在换水时水温差应控制3℃ 以内，否则黄鳝会因温度骤降而死亡。

九、水质调节

清爽新鲜的水质有利于黄鳝种苗的摄食、活动和栖息，浑浊变质的水体不利于种苗生长发育。黄鳝种苗培育池要求水质"肥、活、嫩、爽"，水中溶解氧不得低于 3 毫克/升，最好在 5 毫克/升左右。由于鳝池的水比较浅，一般有土的只保持在 30 厘米左右，无土的水位在 80 厘米左右。饲料的蛋白质含量高，水质容易败坏变质，不利于黄鳝种苗摄食生长。

培育黄鳝种苗要坚持早、中、晚各巡塘一次，检查种苗生长生活状态，清除剩饵等污物。每当天气由晴转雨或由雨转晴，或天气闷热时，或当水质严重恶化时，黄鳝前半身直立水中，将口露出水面呼吸空气（俗称"打桩"），这是水体缺氧之故。发现这种情况，必须及时加注新水解救。在对气候有把握的情况下，凡在这种天气的前夕，都要灌注新水。

水质调节的主要内容：一是要使池水保持适量的肥度，能提供适量的饲料生物，有利于生长；二是为了防止水质恶化，调节水的新鲜度，一般每天先将老水、浑浊的水适时换出，再注入部分新鲜水，在生长季节每 10～15 天换水 1 次，每次换水量为池水总量的 1/3～1/2，盛夏时节（7～8 月）要求每周换水 2～3 次，每天捞掉残饵；三是适时用药物，如用生石灰等调节水质；四是种植水生植物来调节水质；五是在后期的饲养过程中，由于排泄量太大，不但采用常流水，还要经常泼洒 EM 菌液，才能营造出一个水质优良的状态。

十、防治病害

1. 防治疾病

黄鳝在天然水域中较少生病，随着人工饲养密度加大，病害增多，因此在鳝苗鳝种的培育过程中，要经常检查种苗健康状况，做好防治工作，还要驱除池中敌害生物。刚孵出的鳝苗，卵黄囊尚未完全消失，处在水质不良的状况下，容易发生水霉病。鳝苗在培育过程中，若遇到互相咬伤或敌害生物的侵袭而形成伤口，也易染上水霉病。防治方法是，在低温季节发病时，可用漂白粉治疗，用量为20毫克/升或每立方米水体用食盐或小苏打各400克，溶化后全池遍洒，或定期浸洗病鳝苗，效果也较为理想。

黄鳝在水中生活，发病初期不易觉察，等到能看清生病的鳝时，其病情已经比较严重了，因此对黄鳝的病害要主动采取措施，以防为主；无病先预防，有病赶紧治。首先是在培育过程中要做好养殖环境的定期消毒工作，在养殖过程中有黄鳝的自身排泄污染，还有外界的污染，使水环境不断出现水质恶化，因此要定期消毒。每月用生石灰化水泼洒一次，每立方米用30～40克。在养殖过程中的发病季节，还要用相应的药物定期化水泼洒消毒。其次是对养鳝中所用的工具要定期消毒，每周2～3次。用5%食盐浸洗30分钟；或用5%漂白粉浸洗20分钟。发病池的用具要单独使用，或经严格消毒后使用。

2. 防止其他动物危害

对黄鳝危害较大的是老鼠，网箱养殖时老鼠经常咬箱甚至咬伤鳝体，鳝易感染生病，若咬破网箱鳝易逃跑。冬季池塘或网箱中的冬眠鳝，鳝体不活跃，老鼠咬了大鳝尚可救治，咬了小鳝种几乎没有活命的可能。此时，应特别注意防止老鼠为害。另外，养鳝池池水较浅，鳝容易被蛇、鸟和牲畜、家禽猎食，应采取相应措施予以预防。

十一、防黄鳝逃跑

在黄鳝苗种培育过程中，如果措施不力，也会发生黄鳝大量逃跑的事件，从而给苗种培育带来影响。根据生产实践经验，黄鳝逃跑的主要途径有：一是连续下雨，池水上涨，随溢水外逃；二是排水孔拦鳝设备损坏，从中潜逃；三是从池壁、池底裂缝中逃遁。因此，要经常检查水位、池底裂缝及排水孔的拦鳝设备，及时修好池壁。网箱养鳝时箱衣要露出水面40厘米，冬季至少20厘米。箱衣露出太少黄鳝可顺着箱沿逃跑。另外，网箱养鳝在箱水平面最易被老鼠咬洞，只要有洞，黄鳝就会接二连三地逃跑，因此需不断检查，及时补好洞口，并想办法消灭老鼠，堵塞黄鳝逃跑的途径。

第四节　野生黄鳝苗种的
驯养和雄化技术

一、野生黄鳝苗种的驯养

1. 驯养的意义

野生苗种是许多黄鳝养殖户在人工繁殖苗种不足以进行养殖时而采用的一个重要补充来源，它具有野性十足、摄食旺盛、抗病力强的优点，尤其是喜欢捕食天然水域中的活饵料。由于野生鳝种苗不适应人工饲养的环境，一般不肯吃人工投喂的饲料，必须经过一段驯饲过程，否则会导致养殖失败。对于小规模低密度养殖，可以通过投喂蚯蚓、小杂鱼、河蚌、螺类、昆虫等新鲜活饵料来达到养殖目的，不需要过多地进行驯养。但是在进行大规模人工养殖时，再用一些小杂鱼、河蚌等饵料来投喂，就有明显的弊端，如饵料难以长期稳定供应、饵料系数高等。因此，必须对它们进行人工驯养，让它们适应黄鳝专用的人工配合饲料，从而达到大规模养殖的目的。这些专用饲料，具有摄食率高、增重快、饵料系数低等优点。

2. 驯养前的准备工作

驯养前的准备工作主要是饲料的准备以及为饲料服务的配套设施。包括：收购的鲜活河蚌，置于池塘暂养储存，由于河蚌的出肉率高，野生黄鳝爱吃，所以可以被用来作为驯饵的主要饲料；另外就是黄鳝专用配合饵料，这是在黄鳝经驯饵成功后的主要饲料，也是后期黄鳝生长的保证；还有准备其他相应的配套设施如冷柜、绞肉机、电机等。其中冷柜是用来处理和储存蚌肉的，河蚌肉使用前，先进行冷冻处理，这样便于绞肉机的工作，对于已经绞好的蚌肉，如果一时用不完，也可以用冷柜进行保存；而绞肉机和 1.5 千瓦单相电机 1 台则是为了绞肉用的。

3. 驯饵的配制

在野生鳝苗捕捉入池后，前 1～2 天内先不投饲，然后将池水排干，加入新水，待鳝处于饥饿状态，即可在晚上进行引食。一般在鳝苗入池的第三天就应开始进行驯食工作，先用黄鳝爱吃的动物性饵料投喂，可选用新鲜蚯蚓、螺蚌肉、蚕蛹、蝇蛆、煮熟的动物内脏和血粉、鱼粉、蛙肉等，经冷冻处理后，用 6～7 毫米模孔绞肉机加工成肉糜。将肉糜加清水混合，然后均匀泼洒。每天下午 5～7 点投喂 1 次，投喂量控制在黄鳝总量的 1% 范围内。这种喂量远低于黄鳝饱食量，因此黄鳝始终处于饥饿状态，以便于建立黄鳝群体集中摄食条件反射。

3天后，开始慢慢驯食专用配合饵料。饲料厂生产的专用饲料不能直接投喂，必须先进行调制。先用黄鳝专用饲料35％加入新鲜河蚌肉浆65％（3～4毫米绞肉机加工而成）和适量的黄鳝消化功能促进剂，手工或用搅拌机充分拌和成面团状，然后用3～4毫米模孔绞肉机压制成直径3～4毫米、长3～4毫米的软条形饵料，略为风干即可投喂。5天后调整配方，将专用配合饲料的含量提高10％左右，同时将蚌肉浆的含量减少10％左右，就这样慢慢地增加专用饲料的比例，直到最后让野生黄鳝完全适应专用配合饲料。

4. 驯养方法

为了达到驯养的目的，在野生黄鳝开始投喂时，千万不能喂得过饱，只能让它保证六成饱的状态。3天后，观察到黄鳝适应池塘环境而摄食旺盛但一直处于半饥半饱状态时，用添加专用配合饲料和蚌肉糜的混合饵料来投喂黄鳝，同时将全池泼洒投喂改为定点投喂。一般每20米^{2}设4～6个点，继续投喂5天，投喂量仍为1％，此时黄鳝基本能在3分钟内吃完。再过5天改投新配制的人工配合饵料，每天下午5～7点投喂1次，投喂时直接撒入定点投喂区域，投喂量可以提高为鳝苗体重的1.5％～2％，以15分钟内吃完为度，以提高饵料利用率。

由于黄鳝习惯在晚上吃食，因此驯饲多在晚上进行。待驯饲成功后，慢慢把每天投饲时间向前推移，逐渐移到早上8～9时，下午2～3时各投饲一次。这才算是人工驯养完全成功。

通过这样的驯食，一般在1个月内就可以让野生黄鳝完全适应专用配合饵料的投喂，而且配制饵料的投喂效果极为理想。实践表明，在有土的规模养殖中，饵料系数为3；在无土流水工厂化养殖中，饵料系数可降到2~2.5。

由于黄鳝对食物有严格的选择性，对某种食物适应后，就不能改变食性，因此，在苗种培育过程中，进行多次、广谱的驯食工作是非常重要的。

二、黄鳝的雄化技术

黄鳝的雄化技术也叫性别控制技术，也就是人为地对黄鳝进行性别控制的一种方法。一般利用性激素就能诱导黄鳝的性别向人们希望的方向发展。控制性别的技术在国外已有很多年的发展，技术上已经十分成熟，但在国内该技术仅停留在实验室水平上，生产上尚无有关的报道，并且国家相应的标准尚未完善。目前我国黄鳝养殖在雄化技术方面仅仅是生产实践上的应用，在理论上并没有太多的报道。经过用雄性激素甲基睾酮处理黄鳝鱼苗，可获得99％以上的雄性鳝。经过处理后的黄鳝因性别单一，密度固定，不仅生长快，而且成本低，一般可增产30％左右，这对于生产养殖是非常有好处的。所以性别控制目前在黄鳝养殖上虽还是一种新兴技术，却也是很有潜力的技术。

1. 黄鳝的性逆转特性决定了雄化的可能性

黄鳝每年从5月一直到8月，雌雄交配产卵，产卵时间较长；6月开始孵化到9月；7~10月间鳝苗发育生长，10月生长发育到第二年2月间仔鳝长成幼鳝并越冬；第二年2~5月成鳝生长发育，开始第一次性成熟，为雌鳝，5月以后进入交配产卵；产卵后的雌鳝从7月到第3年4月间继续生长发育，卵巢渐变为精巢，到第3年5月以后第二次性成熟，为雄鳝，以后终身为雄鳝不再变性。也就是黄鳝具有特殊的性逆转特性。

2. 雄化的意义

由于黄鳝在较小阶段时为雌性，而雌鳝为了完成传宗接代的任务，会加快它的性腺发育，从而导致它摄取的营养有相当一部分是用于性腺的发育了，因此生长的速度就慢了，长的个头就小了，养殖户的收益也就少了。如果采取相应的技术手段，对它们进行雄化育苗，则可明显加快生长速度，提高增重率。实践表明，黄鳝在雌性阶段生长速度只有逆变成雄性阶段的30％左右，即雄黄鳝的生长速度及增重率比雌性高1倍以上。因此在生长较慢的鳝苗阶段喂服甲基睾酮，使其提前雄化，可较大幅度提高黄鳝养殖产量，取得良好的经济效益。

3. 雄化对象

适宜进行黄鳝苗种雄化的对象：一是以专育的优良品种为佳，在鳝苗腹下卵黄囊消失的夏花苗阶段施药效果最好，这时雄化周期最短，效果最明显；二是个体单重达15克时的幼苗期开始雄化效果也不错，但用药时间要长一些，比第一种来说效果要略差一点；三是如果已经丧失了最佳的雄化时期，也有补救措施，就是当黄鳝体重达到50克以上已经达到青年期时，对黄鳝也可以进行雄化，但是雄化的时间与前两种有一点差别，通常是在入秋时才能进行，而且在开春以后还要用药10天左右，效果才明显；四是有部分科研人员和养殖户也对100克以上黄鳝施药，加速向雄性逆转，但是一般认为这个时期的黄鳝并不是最好的雄化对象。因为一方面100克以上的黄鳝在许多地方已经可以销售供食用了，不必要承担喂药的风险；另一方面这种规格的黄鳝一般都处于产卵盛期，而产卵期是不宜施药的。

4. 施药方法

根据黄鳝苗种生长阶段的不同而采取不同的施药方法。于黄鳝夏花苗种阶段进行施药雄化时，在施药前先对黄鳝苗种作健康检查，然后放干池水，再冲进新水，接着2天不投食，使黄鳝饥饿；到了第3天开始投喂，主要是喂给熟蛋黄，先将鸡蛋剥开去掉蛋白，取其中的蛋黄并调成糊状，按每两只蛋黄加入含雄性激素甲基睾酮1毫克的酒精溶液25毫升，充分搅匀后均匀泼洒投喂黄鳝，投喂量以不过剩为准；投药期食台面积应比平时要大些，以免争食不均；连续投喂1周后，改喂蚯蚓磨成的肉浆，同时加入药物，此时用药量增加到每50克蚯蚓用2毫克甲基睾酮，在添加蚯蚓肉浆前先用5毫升酒精将甲基睾酮充分溶解并搅拌均匀，投喂给黄鳝。连续投喂15天后就可以停药不再投喂，这时基本上就可以达到雌性雄化的目的。经此夏花阶段施药雄化处理后的黄鳝，一般不会再有雌性状态出现。为了保险起见，在生长一段时间，当黄鳝个体增重至8～10克时，再按上面的方法和药物剂量继续施药15天，效果就非常明显了。

如果错过了夏花阶段，还有一个雄化的时期，那就是当黄鳝个体重15克以上时，这时也可以进行雄化。雄化的技术与前文的基本相同，只是用药量和投喂时间有所不同，这时的用药量为500克活蚯蚓拌甲基睾酮3克，而且需要连续投喂1个月才能达到完全雄化的效果。

5. 加强管理

首先是为了确保黄鳝的安全和雄化效果，在雄化期间池内不宜使用消毒剂。为了保证水质的优良，可施用氧化钙或生石灰，施药浓度为春秋季 5～10 毫克/升，夏季 10～20 毫克/升。

其次是甲基睾酮是一种性刺激激素，用药量开始时不宜过大，可逐步增加到允许的添加量。

再次就是黄鳝养殖使用甲基睾酮，在社会上可能有一些不同的见解，为了保证食品的安全，在 100 克以上的尽量不要用药了，而且在捕捉期的 2 个月前一定要停药观察，所有的用药时间和用药浓度必须保留档案。

第四就是经雄化的良种鳝食量大为增加，此时的投食量应相应增大，投食量可达到黄鳝体重的 10％甚至更高，7 个月可催肥出售。因增重速度高，鳝体提早雄健粗壮，从而提高了抗病力，可加大放养密度。所以雄化育苗也是黄鳝人工密养的有效措施之一。

最后一点要注意的是，不同的饵料，它们对黄鳝的生长还是有明显差别的，主要体现在饲料转化率及增重率提高的范围有一定差异。例如 3 千克大平 2 号鲜蚯蚓可增重 0.5 千克鳝肉，2 千克黄粉虫可增重 1 千克鳝肉。

第五节　科学引种

一、引种时的要点

当黄鳝苗种来源得不到保障或者是养殖场里长期用自己繁殖的黄鳝养殖、繁育时，就需要从外地引进一些优质鳝种，补充新鲜血液，这对黄鳝养殖的长期规划是有好处的。

引种时首先要确定引种目标，明确生产上存在的问题和对引种的要求，做到有的放矢，才能提高引种的效果；其次是必须了解黄鳝原产地的生产条件，便于在引种后采取适当措施，尽量满足引进鳝种对生活环境条件的要求，从而达到高产、稳产的目的；再次就是了解供种单位的一些基本情况以及鳝种的基本信息。

二、引种时注意对"李鬼"的识别

近几年来，由于黄鳝、乌龟、黄粉虫、蝎子、蛙类等特种养殖业丰厚的利润回报，促进了特种养殖在我国的蓬勃发展，但随之而来的"李鬼"，不但使广大养殖户深受其害，而且给黄鳝养殖业的健康持续发展带来相当严重的负面影响。笔者根据多年的经验，将当前存在的多种"李鬼"现象列出供大家参考。如果养殖户一旦遇到"李鬼"，可立即向有关部门如消费者协会或相关职能部门投诉，索取赔偿，情节严重、损失惨重、影响恶劣的，可以诉至法庭，将其绳之以法。

1. 假单位

一些个体投机者或某些行骗公司挂靠科研机构，租借某些县（市）科技大楼（厦）某层某间房屋作临时营业场所，其实与这些单位没有任何关系。他们大打各种招牌广告，如某某黄鳝技术科技公司、某某黄鳝养殖有限责任公司、某某黄鳝繁育基地等等。由于这些投机者一方面借"名"生财，租借政府部门的科技楼作为办公地点，更具有隐蔽性和欺骗性；另一方面，由于这些地方交通便利易寻，因而上当的人特别多。其实，这些皮包公司根本没有黄鳝的试验场地和养殖基地，仅租借几间办公室、几张办公桌、一部电话，故意摆些图片、画册、宣传材料来迷惑客户。一旦部分精明的客户或养殖户提出到现场（或养殖基地）参观访问或看生产设施，他们往往推诿时间太紧、人手太忙或养殖基地太远，不太方便，或者就带养殖户到某私人的黄鳝养殖场看一看，带养殖户到这些与他们没有关系的地方指手画脚，说这是他们的科研部门。更有甚者会用威胁手段进行敲诈。

2. 假广告

这几年来，关于特种养殖业方面的广告泛滥成灾。这些广告形形色色，各地都有，主要来自部分"高新科技公司"的杰作。他们自编小报，到处邮寄，相当部分内容自吹自擂，言不由衷，水分极大。

这些虚假广告对一些朴实的老百姓来说还是有相当大的诱惑力，有些养殖户朋友轻信某些广告上的说辞，这些广告会把黄鳝养殖说成是没有任何风险、一本万利的最佳致富项目，而这些养殖户往往存在急于脱贫的心理，因此而误入圈套。

3. 假品种

有不少不法商人为了牟取暴利，以次充好，利用养殖户求富心切，对特种养殖业的品种、质量认识不足且养殖水平较低的现象，趁机把劣质品种改名换姓为优良品种，或将商品鳝充当苗种让养殖户引种，高价出售，给养殖户造成极大的经济损失。如相当一部分投机者将市场上的商品黄鳝回收，充当优质的种鳝高价出售，坑害不知情的初养户。所以初养者最好到正规的、信誉好的企业引种，以免上当受骗。

现在一些坑人单位用来骗人的假品种主要有两种：一

种是巨大黄鳝；另一种就是泰国大黄鳝。由于黄鳝养殖的时间较短，科技研究的时间也不长，根本不存在特大黄鳝这个优良品种。所谓的泰国大黄鳝，是泰国研制出来的一种黄鳝苗，它的生长环境有其独特性，气温要求很苛刻，只适合在酸性水土里生长，而我国主要养殖区几乎都是碱性水土，要想使泰国大黄鳝生存下来几乎不可能。普通的黄鳝苗跟泰国大黄鳝苗外形相似，不是专业人士很难辨认出来，违法分子是用普通的黄鳝苗或是到市场上购买一些劣质的黄鳝苗来冒充泰国黄鳝苗，害农坑农，牟取暴利。

4. 假技术或免费提供技术

一般而言，这些"李鬼"根本不懂专业技术，更谈不上专业人才及优秀的大学毕业生作为技术后盾，不可能提供实用的种养殖技术。他们的技术资料纯粹是从各类专业杂志上拼凑或书籍上摘抄，胡吹乱侃，胡编乱造，目的是倒种卖种。

现在还有很多公司提供技术培训，并且全部免费。如果他的技术免费，必定会把技术培训的费用加到其他项目上，比如必须买苗种多少斤以上。养殖户要想得到免费的技术，投入的苗钱不会低于 1 万元。并且这部分苗种基本上都是市场上收购的野生黄鳝来充当人工繁殖苗种，成活率达不到 50%，养殖户付出的代价是花费了很多的钱，买回了一批难以养活的苗，并且技术也没学到。

5. 假合同

即合同欺诈行为，这些坑人单位为了达到卖种鳝的目的，还会佯装和养殖户签产品回收的合同。这些表面看来确有赚头，可是合同中早已埋下"地雷"，主要一条就是将回收条件订得十分苛刻，价格压得极低，养殖户朋友很难达到这种产品的要求。因此可以说，这种合同就是一纸空文，对坑人单位没有任何约束力，但对养殖户而言，限制颇多。

6. 假回收

一些不法商人和不法企业利用广大养殖户想养殖黄鳝来获取高利润的心理，打着产品回收的幌子来坑害、蒙骗养殖户。这些单位和个人十分了解黄鳝的养殖周期，通常在产品回收期即将到来之前，会突然消失，或者往往还未到回收期，那些公司就携款而逃，受骗的养殖户往往有冤无处诉。

7. 假效益

一些小报为了扩大影响，利用农民急需致富的心理，用高额利润吊起养殖户发财的胃口。他们在宣传册子上吹得天花乱坠，根本不考虑实际情况，让人乍一看起来利润挺高，效益很好，其实实际生产中根本达不到。

三、积极防范引种时的陷阱

世上没有永赚不赔的买卖，黄鳝养殖要充分考虑风险。

养殖户在引种时要提高警惕，在遇到"快发财、发大财、大发财"的信息时，保持清醒的头脑，冷静分析，切莫轻信一面之词，应到相关部门深入了解，多向科技人员请教，把心中的疑问尤其是种苗的来源、成品的销售、养殖关键技术等问题向科技人员请教，特别注意要对信息中的那些数字进行科学甄别。根据科技人员的意见，作出正确的规划方案，认定切实可行再引种不迟。签订合同前，进行必要的调查和咨询，了解经营者真实情况，拜访以前成功的养殖者，向当地权威部门查询其可行性。

农民兄弟要加强维权意识，在购买种苗时一定要注意苗种的鉴别，防止以次充好，以假乱真。在选择供种单位时应谨慎行事，到熟悉的单位引种，同时向供种单位索要并保留各种原始材料，如宣传材料、发票、相关证书及其他相关说明。合同签订后，最好到当地公证部门进行公证。一旦发现上当受骗，自身合法权益受到侵害时，要立即向相关部门举报，依法维护自己的权益。

第十章　黄鳝的捕捞、囤养与运输

第一节　黄鳝的捕捞

一、黄鳝捕捞的时机

每年的秋冬季节是黄鳝集中上市的季节，黄鳝价格也比较高。由于水温较低，黄鳝活动能力减弱，从 11 月下旬开始至春节前后是捕捞黄鳝上市的最好时机。这时候气温较低，黄鳝已停止生长，起捕后也便于储运和鲜活出口。对于野外黄鳝的捕捞，还是以春末夏初为主要时机，此时野生的黄鳝活动能力强，觅食需求也强，非常容易被捕捉到，可以在捕捞后通过暂养或囤养措施，在冬季出售。

二、野外找黄鳝洞的技巧

黄鳝在水域中一般都是在软泥中打洞或在天然的泥洞、石洞中穴居的，所以钓黄鳝首先要会找黄鳝洞。黄鳝洞大多打在池塘、湖泊、水田或小河沟的靠岸边的水中，由一个上洞、一个下洞和一个窝组成。上洞一般在水面上约 10 厘米的地方，下洞在水面下约 30～40 厘米的地方。洞径因黄鳝的大小不同而不同，小的手指粗，大的可达

6～7厘米。窝在上洞和下洞之间，呈圆形，直径约10～15厘米，是黄鳝转身、产卵、孵卵的地方。土质松软处的鳝洞多接近水线，即使淹于水下也是暂时的，黄鳝会不断地改变洞口的位置，使洞口经常处于与水线相平，从而既保持洞内的湿润，又避免为水所灌。可由洞口的圆润、光滑，位于水面之上10厘米范围区域内仔细寻找鳝洞，发现洞穴后，还要看一看从洞口到水线有无蠕行的痕迹。有时候，黄鳝的洞穴也会在水线以下，这大多是因为涨水，来不及调整洞口的缘故。

河川中的黄鳝洞穴无明显的特征，一般都在水线以下。在一些石头砌的岸边，那些石缝中也是黄鳝爱藏身的地方，常常在一个石洞中藏着数条黄鳝。黄鳝洞如离水面近，或水比较清时，一眼就可以看到。在钓黄鳝时，经常要用手去摸洞，如果摸到一个洞较深，而洞边又没有淤泥，一般都是黄鳝洞，就可以下钩了。在黄鳝孵卵时，还有一个容易找到黄鳝的方法，就是在洞口的水面上，有一个直径约10厘米、由很细小的白色气泡组成的圈。黄鳝护卵性很强，护卵的亲鳝很容易钓。

三、黄鳝的捕捞

黄鳝身体无鳞，且有黏液，很滑，因此黄鳝的捕捞是一项技术活。要根据具体的情况采取相应的捕捞方式，通常有效的捕捞方法有以下几种：

1. 排水翻捕

这是小型池塘尤其是水泥池养殖时最有效的捕捞方法，在捕捞前先要把池中水排干，然后从池的一角开始逐块翻动泥土。一定要注意的是不要用铁锹翻土，最好用木把慢慢翻动，再用网兜捞取，尽量不要让鳝体受伤。这种方式的起捕率是最高的，一般可高达98%以上。若留待春节前后出售，可将池水放干后，在泥土上覆盖稻草，以免结冰而使黄鳝冻伤冻死，到春节前后翻泥捕捉即可。

2. 网片诱捕

这是利用黄鳝摄食的特性来捕捞，适用于池塘养殖黄鳝。先用2～4米²的网片（或用夏花鳝种网片）做成一个兜底形的网，放在水中，在网片的正中心放上黄鳝喜食的饵料，可用诱食性强的蚯蚓等饵料。随后盖上芦席或草包沉入水底，半小时左右，将四角迅速提起，掀开芦席子或草包，便可收捕大量黄鳝。这些黄鳝会自动聚集在兜底，经过多次的诱捕后，起捕率高达80%～90%。

3. 鳝笼网捕

一般家庭养鳝可采用笼捕法，此法操作简便、效果好。捕鳝的笼用竹篾纺织而成，鳝笼呈"人"字形或"L"字形，由两节细竹丝编扎而成的笼子连接制成。每节竹笼长30厘米、粗10厘米。其中一节竹笼的一端有一个直径约3厘米的进口，只能供鳝进而不能出；另一端有一个同样大小的出口，与另一节竹笼连通。第二节竹笼顶端装有盖子，用于投放诱饵和取鳝。在20～30个竹笼中分别放入一些猪骨头、动物内脏，笼头盖好倒须，笼尾用绳拴牢。捕捞一般在晚上进行，傍晚时，在笼里放入黄鳝喜欢吃的鲜虾、小鱼、猪肝、蚯蚓等饵料，然后放入池中的投饵处，晚上7～8时放笼。黄鳝夜间觅食时，嗅到食物，便从笼头口往竹笼内钻，当它饱餐一顿后想走时，因笼头口有倒须，便再也出不来了。次日凌晨收笼时，一般笼内都有黄鳝，解开笼尾的绳子或取掉笼头的倒须，将黄鳝倒入笆笼内。如果池里的黄鳝密度很大而且笼子又多的话，可以大约隔 2 小时提取笼中的黄鳝，规格小的自然掉入池中，能达到上市规格的黄鳝就会被捕捉上来。这种方式既能达到捕起商品黄鳝的目的，又不影响小鳝的生长。经过多次捕捞，一般可捕获 70%～80%。这种竹笼捉黄鳝的方法只适宜春、夏、秋三季，冬季则不适用。

4. 钓捕

钓捕黄鳝，只能用于成鳝的捕捞，不能用于幼鳝和亲鳝的捕捞，因为这种捕捞方法会对黄鳝造成严重伤害。

（1）短竿钓捕　竿长 1～1.5 米，等长钓线，钓线直径 0.4～0.5 毫米，大号钩，不用漂、坠，装上黑蚯蚓等钓饵，将饵钩置于黄鳝洞口或石缝处，逗引黄鳝。开始黄鳝因受惊立即缩入洞内，但当它闻到腥臭味后，又会伸出头来窥探，然后突然吞饵并缩入洞内。将竿一提，必得黄鳝。采用这种钓法可多准备几副短钓竿，分别下到几个黄鳝洞穴口，竿脚插入岸边的泥土中。当发现钓竿变位或者松弛的钓线绷紧时，说明黄鳝已吞下饵钩，这时可拉拽钓线，将黄鳝从洞穴内拉出，动作要快，拉出水面后立即将黄鳝放入鳝篓内。

（2）钢丝钩探钓捕鳝　又叫黄鳝钩钓捕，是用一根直径 1.2～1.5 毫米、长 0.5 米左右的钢丝磨制而成，后端加上一段竹筷做的柄即可使用，一端磨尖，再弯成中号钓钩大小，另一端弯成环形，将整条黑蚯蚓穿入，然后对准寻找好的洞口或石缝探入，并轻轻搅动，再往里探进。如果黄鳝洞穴较深，要尽量往里探去，以引诱黄鳝前来吃饵。钓饵只要一送进洞穴中，黄鳝马上就会嗅到蚯蚓的特殊气味，食欲大振，游出一口将饵钩含进嘴里，随即就往洞穴里边拖。当手感有拉拽感时，再向前推送一下饵钩，然后顺势转腕，让钩尖朝下钩住黄鳝下颌，随之将其慢慢拉出，若黄鳝较大，这时不要急于将它拉出，可先钩牢稳住，让其在里面扭动，当黄鳝气力耗尽，然后将其拖出。

（3）蚯蚓团夜钓捕鳝　将准备好的棉线钓竿穿上墨绿色大蚯蚓，使蚯蚓在棉线的末端挤成一团。傍晚时，将穿好墨绿色大蚯蚓的 20～30 副钓竿一一插入有黄鳝洞穴的岸边，蚯蚓团抛在黄鳝洞穴的旁边。黄鳝晚上出洞觅食活跃，一口咬住，吞食蚯蚓团。钓者应准备好手电筒，每隔10 分钟左右逐个检查一遍，若看见黄鳝正在吞食蚯蚓，则一手迅速提起钓竿，另一手拿笆笼接住，把黄鳝放入笆笼内。这种钓法，钓者要勤检查，如果时间长了，黄鳝就会弄断棉线逃之夭夭，或把蚯蚓团拖进洞穴中，到时就不容易把它拉出洞外了。

（4）线钓钩捕鳝　用三号或四号缝衣针、维尼龙线和竹竿制成。缝衣针弯成钩状，竹竿长约 20 厘米。维尼龙线一端扎住吊钩（缝衣针）中间，线的另一端扎在竹竿上。诱饵穿在吊钩上，从蚯蚓尾部穿入，将缝衣针全部包住。傍晚，把装好的吊钩放入富有水草的河边水底，竹竿牢固地插在河岸上，2～3 小时后或第二天早晨收回钓钩。这种钓法，每次可用 20～30 副针钓竿。回捕率在 50％～70％，但劳动强度较大。

5. 手捉黄鳝

捉黄鳝的关键是要找准黄鳝的洞穴。当找准黄鳝洞穴后，便用右手中指顺着黄鳝的洞穴往里面推进，一般都能捉到黄鳝。如果未捉到黄鳝，便用手顺洞穴把泥挖开，用食指、中指与无名指三个手指错开钳住（中指在上，另两指在下，将黄鳝钳在上下手指之间），这种钳法很牢；而若用平时的抓东西的方法以大拇指与其他四指分开去抓，则黄鳝常常容易溜掉。

6. 草包张捕

把饲料放在草包内，搁在平时喂食的地点，黄鳝就会钻入草包，将草包提起即可捕捉到黄鳝。

7. 草垫诱捕

初冬或晚秋放掉池水之前，做好诱捕准备的工作，将较厚的新草垫或草包用5％生石灰溶液浸泡23小时消毒处理后，再用2％漂白粉溶液冲洗除碱，晾置2天备用。将草垫铺在鳝池泥沟上一层，撒上厚约5厘米的消毒稻草、麦秆，再铺上草垫后，撒上一层厚约10厘米的干稻草。当水温降至13℃以下时，逐步放水至6～10厘米深，水温降至6～10℃时，再于泥沟中加盖一层约20厘米的稻草，温度明显下降时，彻底放掉池水。此时由于稻草的逆温效应，温度高于泥层，黄鳝就会进入下层草垫下或两层草垫之间。此法适宜于大批量捕捞黄鳝。

8. 扎草堆捕鳝

用水花生或野杂草堆成小堆，放在岸边或塘的四角，过3～4天用网片将草堆围在网内，把两端拉紧，使黄鳝逃不出去，将网中草捞出，黄鳝即落在网中。草捞出后，仍堆放成小堆，以便继续诱黄鳝入草堆，然后捕捞。这种方法在雨刚过后效果更佳。

9. 迫聚法捕鳝

迫聚法是利用药物的刺激造成黄鳝不能适应水体，强迫其逃窜到无药性的小范围集中受捕的方法。这与药捕方法相类似，不同的是药捕法是通过药物的作用来迷昏黄鳝，黄鳝是被动的，而迫聚法是通过黄鳝的主动逃逸来达到捕捞的目的。

（1）药物迫聚 用于黄鳝迫聚捕捉的药物有很多种，一般有茶籽饼、巴豆和辣椒等。这些药物在农村也是常见的，来源方便，而且费用也不高。

茶籽饼，又叫茶枯，它含有皂苷，对黄鳝是有毒性的，在使用时一定要掌握剂量，量多可致黄鳝死亡，量少时可迫使它们逃窜。每亩池塘用 5 千克左右，使用时应先用急火烤热、粉碎茶籽饼，保证颗粒小于 1 厘米，装入桶中用沸水 5 升浸泡 1 小时备用。

巴豆的药性比茶枯强，使用量也比茶枯要少得多，每亩池塘用 250 克。在使用前先将巴豆粉碎，调成糊状备用。使用时加水 15 千克混匀，然后用喷雾器喷洒。

辣椒最好选用最辣的七星椒，用开水泡一次，过滤，然后再用开水泡一次，再次过滤，取两次滤水，用喷雾器喷洒，每亩池塘用滤液 5 千克。

（2）静水迫聚捕鳝法 这种方法用于不宜排灌的池塘或水田。先准备好几个半圆形有网框的网或有底的浅笿筐。将田中高出水面的泥滩耙平，在田的四周，每隔 10 米堆泥一处，并使其低于水面 5 厘米，在上面放半圆形有框的网或有底的笿筐，在网或笿筐上再堆泥，高出水面 15 厘米即成。将迫聚药物施放于田中，药量应少于流水法，黄鳝感到不适，即向田边游去，一旦遇上小泥堆，即钻进去。当黄鳝全部入泥后，就可提起网和筐捉取。此法宜傍晚进行，翌晨取回。

（3）流水迫聚捕鳝法　这是用于可排灌的池塘或微流水养殖的池塘或稻田。在进水口处，做两条泥埂，长50厘米，成为一条短渠，使水源必须通过短渠才能流入田中，在进水口对侧的田埂上开2～3处出水口。将迫聚药物撒播或喷洒在田中，用耙在田里拖耙一遍，迫使黄鳝出逃。如田中有作物不能耙时，等待黄鳝出来的时间要长一些。当观察到大部分黄鳝逃出来时，即打开进水口，使水在整个田中流动，此时黄鳝就逆水游入短渠中，即可捕捉，分选出小的放生，大的放在清水中暂养。

10. 幼鳝捕捉

有时为了出售鳝苗或者是需要将池中饲养的幼鳝移到别的池中，就需要将幼鳝捕捞出来。可用丝瓜筋来营造黄鳝的巢穴，每平方米可以放3～4个干枯的丝瓜筋，过一会儿幼鳝就会自动钻进去，用密眼网或其他较密的容器装丝瓜筋，就可把幼鳝捕捉起来。

第二节　黄鳝的标准化囤养技巧

随着钓捕、笼捕、电捕等捕鳝工具的发展，造成对野生黄鳝的滥捕，使黄鳝的自然资源受到极大的破坏，自然种源越来越少，规格越来越小。囤养黄鳝，对规格偏小的黄鳝进行短期催肥暂养，既可以提高上市规格，又可以调节市场，投资小，产量高，收益快，风险相对较小。巧赚地区差价、季节差价，因此在城郊有许多黄鳝专业囤养户，一般是从8月份开始收购黄鳝，囤养到春节前后出售，经济效益十分可观，目前囤养黄鳝成为沿湖沿河地区农民致富的途径之一。

一、囤养的赚钱途径

在囤养时，如果采取的方法不当，黄鳝一方面可能变消瘦而导致体重减损，另一方面可能会导致部分黄鳝死亡。当这种情况发生时，囤养户的利润就相当微薄了。因此，在囤养时一定要扩展赚钱途径。

1. 赚取规格差

在目前市场上，冬季出售的大规格黄鳝（尾重 250～300 克）每千克价格在 110～140 元左右，春节前后一般都在 150 元以上。在囤养时，可以通过投喂饲料，将收购的每尾约 150 克的黄鳝养成达到大规格黄鳝的标准出售，就能赚到比较可观的规格差价。

2. 赚取生长利润

一般收购囤养的季节为每年的 5～7 月，经过投喂饲料养殖后，一般可增重 2～4 倍，由于在养殖黄鳝可采用自己培育的蚯蚓、黄粉虫等活饵料来投喂，因此黄鳝每增重 1 千克需饲料成本 10 元左右。扣除了黄鳝自身消瘦造成的重量减少及少量的死亡的损失，也可获得可观的利润。

3. 赚取季节差

在黄鳝大量上市的夏季，黄鳝的价格是很低的，而到了冬季和早春时，由于黄鳝的味道鲜美，加上这时候自然界的黄鳝都处于冬眠状态，因此上市较少，价格奇高，所以通过囤养，就能赚取季节差价。

在人工囤养时，只要方法得当，措施到位，往往这几种赚钱的途径是重叠而至的，所以收益也就非常可观。

二、囤养池的构建要科学

囤养池宜选择地势稍高的向阳、背风处和无污染的地方修建，要求水源充足、水质良好，有一定水位落差，利于进水和排水；池子的面积以 10～20 米² 为宜，便于实行精养，池深以 0.5～0.8 米最适。根据笔者调查认为，一般农户尚未形成规模时，以土池为佳，一方面土池容易构建，成本低，另一方面水泥池在夏天易积聚热量，造成池内聚温超过池外温度 3～5℃，极易发生黄鳝被烫死的现象。池子建好后，在池底上铺设一层 30 厘米的带水草的泥土。

在养殖条件成熟或经济基础较好时，可用水泥池囤养，鳝池壁用红砖或石块砌成，水泥砂浆抹面，并力求保持光滑。鳝池以圆形为佳，池壁上方砌成向内突的防逃檐，池底为黄黏壤土，并夯锤结实。池底应呈锅底形，排水沟设在池底，排水口设置于池底中央处。池底层铺上机织网片，网片上面均匀地铺垫油菜、玉米秸秆，使其自然厚度在 15～20 厘米，同时撒上少量生石灰，然后铺垫 20 厘米厚的硬泥和 10 厘米厚的淤泥。根据鳝池的大小，进水管可用直径为 1.8 毫米的钢管 8～12 个，按同一方向（与池壁呈 15 度角）等距安装在池壁上，高出池底 40 厘米。溢水口则安装在池上方，过水面为 20 厘米×30 厘米，用 20 目的尼龙绢布做拦栅。新建造的鳝池注满水，待 4～5 天排干后重新注入新水，反复 2～3 次，就可将壁上水泥的碱性消除。

黄鳝是变温动物，为了安全度夏，必须在鳝池上方架设荫棚。具体做法是用毛竹做骨架，沿池种上丝瓜或玉米等高秆植物，形成一个具有遮阳、降温、对鳝池有增氧作用的绿色屏障。

三、选择健康鳝种

用于囤养的黄鳝最好能够弄清其来源，目前囤养效果较好的黄鳝来源依次是：笼捕、徒手捕捉、电捕、钓捕。药物毒捕的黄鳝千万不要用来暂养，否则会有"全军覆没"的危险。

首先要剔除用钓钩捕获的黄鳝，主要从黄鳝的咽喉部的肿大与发炎来辨别；其次要剔除用药物毒捕的黄鳝，主要从其精神状态和活动情况来辨别；第三体表黏液丧失过多的黄鳝不要入池；第四体表带寄生虫的黄鳝必须先经杀虫后方可入池；第五是最好选择体色深黄并分布黑色斑点、无伤无病、肌肉肥厚、体格健壮、体表无寄生虫、活动正常的黄鳝。由于黄鳝在个体规格相差悬殊时，会发生大吃小的现象，因此应将鳝苗种按大、中、小3个级别进行筛选，分别放入池中分级囤养。

放养规格最好为 $10\sim20$ 尾/千克，放养量为 $8\sim10$ 千克/米^3，结合混养少量泥鳅。可按 $10:1$ 的比例搭配放养少量泥鳅，既能清除池内残饵，又能防止黄鳝"发烧"。

四、避免鳝体受伤

放鳝前，捡净池中的玻璃、铁皮等尖锐碎块，以免黄鳝钻穴时擦伤皮肤。黄鳝表皮黏液是它防御细菌侵袭的有效保护层，在运输和放养的操作中，要尽量小心，避免用干燥、粗糙的工具接触，保持鳝体湿润。捕捉黄鳝时不要用力捏挤鳝体，防止鳝体遭受机械损伤，给病原体造成可乘之机。

五、搞好鳝体消毒

即使是健壮的黄鳝，也难免带有一些病原体，所以从外地采购、捕捉的鳝种在放养前，必须放在 3‰～4‰食盐水溶液中浸洗 5 分钟，或在 20 毫克/升漂白粉中洗浴 20 分钟后再入池饲养。

六、清池消毒要做好

投放鳝种前，要彻底清池消毒，消灭病原体和其他敌害，每 10 米² 池面用生石灰 1 千克，化浆后趁热全池泼洒，或用 20 克漂白粉化浆后遍洒，并搅动池水，使其分布均匀，待药性完全消失后（约 7～10 天）再放入鳝种。如果是新建水泥池，在使用前必须先用 3‰小苏打溶液浸泡 3～5 天，并冲洗干净。

七、饵料要鲜活无毒

黄鳝入池第 2 天即可开始投饵，做好饵料和食物的消毒工作，投喂清洗干净的鲜活饵料，不投喂腐烂变质的食物。鳝鱼喜食鲜活蚯蚓、小鱼虾、黄粉虫、蚕蛹、蛆虫等动物性饵料，但在正常生产中，如此大量的鲜活饵料难以保证供应。为此必须采取驯食的方法。黄鳝的驯食必须从早期抓起，一般待黄鳝苗种下池 20 天，对新的生活环境有所适应后，便开始驯食，驯食的具体操作程序是：早期用鲜蚯蚓、黄粉虫、蚕蛹等绞成肉浆按 20%的比例均匀掺拌入甲鱼或鳗鱼饵料中投喂，驯食前最好停食 1～2 天，效果更佳。驯食成功后，可逐渐减少动物性饵料的配比，并按照"四定"的科学方法投喂。根据黄鳝晚上觅食的生活习性，投饵可在傍晚（下午 18～19 时）和清晨（5～6 时）分 2 次定时投喂。每次投饵量常可参照池内水温情况灵活掌握，当水温在 14～20℃时，投饵量为鳝种体重的 3%～5%，当水温达 20～28℃时，投饵量为其体重的 7%～10%；在生长旺盛期投饵量一定要满足黄鳝的摄食需要，譬如傍晚时分投喂的饵料在当晚吃完为好，不要过夜，否则既浪费饵料，又污染水质；如饵料缺乏会导致黄鳝的相互残食，影响产量。动物性饵料一定要讲究新鲜，人工配合饵料要注意营养的全面，严防霉烂变质。每口鳝池可用水泥板制作饵料台 2～3 个，将饵料投喂于饵料台上。

养殖期间在鳝池荫棚架上挂电灯一只，灯泡离水面 40 厘米左右，夜间利用灯光诱集昆虫以利黄鳝捕食。

八、水质调节

精养鳝鱼，水质调节是关键。鳝池的水深保持在 30 厘米左右为宜，并要求水质新鲜洁净，溶氧量充足，pH 值 6.8～7.8。为调节水质，在养殖初期每隔 3～4 天定期更换池水的 1/3。7 月中旬以后是生长旺盛期，随着黄鳝个体的增长、摄食量的增加、排泄物的大量沉积，极易污染水质。这期间除定期更换池水外，还要求鳝池保持有常流水，以促其快速生长发育，在更换池水时将进、排水管同时打开（排水管用钢丝网作拦栅），使池内水体旋转流动，将池内一些残饵及排泄物集中从排水口排出。在夏秋高温季节，为防止池水突变，于鳝池投放适量的水葫芦、水浮莲或水花生等水生植物，并用竹架控制其占池水面的

1/3。为调节水体中的 pH 值，每隔 15～20 天泼洒 0.7 克/米^3 的生石灰浆。

九、定期杀菌消毒

常用大蒜、洋葱头捣碎拌食，有利于杀菌；5～9 月间，定期用 5 克/米^2 漂白粉化浆洒在食场周围，进行食场消毒，预防疾病。

十、创造良好的生存环境

鳝池蓄水不宜太深，太深不利于黄鳝呼吸，而且易消耗体能，影响生长。鳝池水位一般控制在 20～35 厘米，这样的水位在夏季高温时水温上升较快，易烫死黄鳝；另外，鳝池较浅，就需要经常换冲水，避免水质污染发臭。因此，夏季遮阳降温是黄鳝养殖管理的主要内容；可在鳝池四周种植高秆植物，池内栽种 1/4 的柔软的水草，池角搭设丝瓜、南瓜棚，在池中放些水葫芦、水浮萍，为黄鳝营造舒适、安全的生存栖息环境。

十一、发病鳝池要隔离

从黄鳝疾病的防治情况看，黄鳝一旦发病，一般的药物难以控制。因此，应坚持生态防病为主、药物防治结合的原则。在遇到黄鳝发病时，一定要及时做好隔离工作，这是因为病鳝死鳝是传播疾病的主要根源，如果各池水相通不隔离，一旦某一池中黄鳝发病，其他池中的黄鳝也易受到传染，损失巨大。因此，各养殖池要分隔，并设有专门的鳝病隔离池，用于暂养、观察、治疗发病的黄鳝。

十二、病鳝死鳝及时处理

早、晚巡池，及时捞出病弱鳝，诊断病症、病因后，暂放在隔离池及时治疗。发现死鳝，立即远离养殖池及供应水源的地方深埋，防止病原菌互相感染。

十三、越冬管理

秋末冬初，水温降到 10℃以下，黄鳝停止摄食，开始钻入泥下 20～40 厘米处进行冬眠，此时，要做好越冬防护工作。其主要方法是排干池水，并始终保持土壤湿润及表面清洁。雨天、雪天要做好排水、除雪工作，不可使池中有积水、积雪等。严寒冰冻来临之前，需盖一层干草防冻。在冬眠期间，不可在鳝池内随意走动或堆积重物，以免压实地下孔道，造成通气堵塞，影响黄鳝的呼吸。一般为了易管理、易捕，不采用深水越冬。

十四、及时销售

囤养的目的是利用时间差、地区差来赚钱，一旦条件成熟就要及时销售，囤养鳝的起捕一般在春节前后。起捕前，要清除池中杂物和烂泥。如果池泥较硬，可注水将其浸透变软，再进行捕捉。起捕时，可先将一个池角的泥土清出池外，然后用双手逐块翻泥进行捕捉，而不宜用锋利的铁器挖掘，避免碰伤鳝体。最后将剩下的泥土全部清出作肥料用，来年饲养或囤养时再换上新土。捕得的黄鳝都要用水冲洗干净，再暂养在水缸等容器内，一天换水 2～3次，待黄鳝体内食物排出，即可起运销售。暂养开始时和 24 小时后各投放青霉素 30 万单位，同时，每隔 3～4 小时需用手或小抄网伸入容器底部朝上搅动，以免体弱的黄鳝长时间压在底部而死亡。

当然对于囤养的黄鳝也不要一味地追求高价格，防止积压与黄鳝大规模上市时间造成冲突，从而影响售价。

第三节　黄鳝的运输

黄鳝的一个重要特点就是它的口腔和喉腔的内壁表皮布满微血管网，除了在水中进行呼吸外，在陆地上还能通过口咽腔内壁表皮直接吸收空气中的氧气进行呼吸，因此它们耐低氧的能力非常强，这就决定了它们的生命力也非常强。因此，黄鳝起捕后不易死亡，适合采用各种运输方式。黄鳝的运输方法应根据数量的多少和交通情况，分别采用木桶装运、湿蒲包装运、机帆船装运或尼龙袋充氧装运等。

一、运输前的准备工作

1. 检查黄鳝的体质

不论采用哪种装运方法，在运输前必须对黄鳝的体质进行检查，将病、伤的黄鳝剔出，要用清水洗净附在黄鳝体上的泥沙脏物，检查黄鳝有无受伤。如口腔和咽部有内伤，易患水霉病；外伤、头部钩伤和躯体软弱无力的容易死亡，不宜运输，应就地销售。

2. 处理黄鳝

运输黄鳝前先将黄鳝养在水缸、木桶或小的水泥池中，切勿放在盛过各种油类而未洗净的容器中。此时需经常换水，以便把刚起捕的鳝体和口中污物清洗干净。开始时每半小时换水一次，换水的温差一般不得超过 3℃，并应尽量与池塘的水质相同，不要用井水、泉水和污染的水。待黄鳝的肠内容物基本排净后，即可起装外运。

3. 检查工具

根据运输的距离和数量，选择合适的运输工具，在运输前一定要对所选择运输途中的用具进行认真检查，看看是否完备，还需要什么补充的或者是应急用的。

4. 决定运输时间和运输路线

这是在运输前就必须做好的准备工作。因为黄鳝有一个特点，就是它一旦死亡，体内的组氨酸就会分解成有毒性的组胺，失去食用的价值。因此，保证黄鳝运输过程中的成活率是非常重要的，所以在运输前就要对运输时间和运输路线进行充分考虑，尽可能地走通畅的路线，用最短的时间到达目的地。尤其是对于幼鳝或亲鳝、种鳝的运输更为重要，不但到达目的地后要保证成活率，还要尽可能地保证黄鳝健康的生活状态，以利于之后的生产活动。

二、干湿法运输

干湿法运输又称湿蒲包运输。主要利用黄鳝离水后，只要保持体表有一定湿润性，就可能过口腔进行气体交换来维持生命活动，从而保持相当长时间不易死亡的这一特点来进行运输。干湿法运输黄鳝有它特有的优势：一是需要的水分少，可少占用运输容器，减少运输费用，提高运载能力；二是防止黄鳝受挤压，便于搬运管理，总存活率可达到95％以上。但要求组织工作严密，装包、上车船、到站起卸都必须及时，不能延误。

此法适用于黄鳝装运数量不多时，通常在 500 千克以下时可以采用，途中时间在 24 小时以内。

运输方法是先将选择好的蒲包清洗干净，然后浸湿，目的是保持黄鳝生存的环境有一定的湿度。第二步是将鳝入包，每包盛装 25～30 千克。第三步是将包放入更大一点的容器中，便于运输，可将黄鳝装好后连包一起装入用柳条或竹篾编制的箩筐或水果篓中，加上盖，以免装运中堆积压伤。最后一步就是做好运输途中的保温和保湿，运输途中，每隔 3～4 小时要用清水淋一次，以保持鳝体皮肤具有一定湿润性，这对保证黄鳝通过皮肤进行正常的呼吸是非常有好处的。在夏季气温较高的季节运输时，可在装鳝容器盖上放置整块机制冰，让其慢慢地自然溶化，冰水缓缓地渗透到蒲包上，既能保持黄鳝皮肤湿润，又能起到降温作用。在 11 月中旬前后，用此法装运，如果能保持湿润（此时湿度较低，不宜再添加冰块），3 天左右一般不会发生死亡。

三、木桶带水运输

相对于干法运输来说，采用带水运输黄鳝方法适宜较长时间的运输，且存活率较高，一般可达 90％以上。

采用圆柱形木桶作为运输黄鳝的盛装容器。它虽然个体小、储量有限，但是也有自身的优点：既可以作为收购、储存暂养的容器，又适于汽车、火车、轮船装载运输，装卸方便，换水和运输保管操作便利，从收购、运输到销售不需要更换盛装容器，既省时又省力，还可减少损耗。起运前要仔细检查木桶是否结实、是否漏水、桶盖是否完整齐全，以免途中因车船颠簸或摇晃而破损，引起损失。其次，准备几个空桶，随同起运，以备调换之用。

　　木桶为圆柱形，用 1.2～1.5 厘米厚的杉木板制成（忌用松板），高 70 厘米左右，桶口直径 50 厘米，桶底直径 45 厘米，桶外用铁丝打三道箍。最上边箍两侧各附有一个铁耳环，以便于搬运。桶口用同样的杉木板做盖，盖上有若干条通气缝，以利空气流通。

　　容器中装载黄鳝的数量，要根据季节、气候、温度和运输时间等而定。一般容量为 60 千克左右的木桶，水温在 25～30℃，运输时间在 1 日以内，黄鳝的装载量为 25～30 千克，另盛清水 20～25 千克或 20～25 千克浓度为 0.5 万～1 万单位/升的青霉素溶液；运途在 1 日以上、水温超过 30℃，黄鳝装载量以 15～20 千克为宜；如果天气闷热应再适当少装，每桶的装载量应减至 12～15 千克。

　　运输途中的管理工作主要是定时换水，经常搅拌，每隔 3～4 小时搅拌一次。搅拌时可用手或圆滑的木棒自桶底轻轻挑起，重复数次让黄鳝迂回转动，将底部的黄鳝翻上来，防止黄鳝"发烧"。气候正常、水温在 25℃ 左右，每隔 4～6 小时换水一次；若遇到风向突变（如南风转北风，北风转南风），每隔 2～3 小时就需换一次水；气候闷热气温较高时，应及时换水。另外，在运输途中，如发现黄鳝有头部下垂、身子长时间浮于水面、口吐白沫等异常现象时，说明容器中的水质变坏，应立即更换新水。换水时，一定要彻底，换的水以清净的活水（如江水、河水）为最好，不能用碱性较重的泉水、有机质含量较高的塘水。加水时，抬高水头，使黄鳝受水冲击。同时，必须注意水温的变化，温差不能超过 3℃，否则容易导致黄鳝产生疾病。若一时无其他水源，又急需换水，可采取局部淋水、慢慢加入的办法。

同时保湿功能也要做好，尤其是在夏季运输黄鳝，水温过高时，可在桶盖上加放冰块，使溶化的冰水逐渐滴入运输水中，使水温慢慢下降。

这里还有一个运输黄鳝的小技巧，对所有用活水运输黄鳝都有效果，可以推广应用：在装载黄鳝的木桶中，放一定数量（1~1.5千克）的泥鳅，利用泥鳅好动的习性，在木桶中上串下游，可避免黄鳝相互缠绕，并增加水中的溶氧。此外，在桶内稍许放些生姜和整只辣椒，对防治黄鳝"发烧"也有较好的效果。

四、幼鳝的运输

幼鳝可用篓、筐运输。在篓或筐底铺垫无毒塑料薄膜，薄膜上放少量湿肥泥。运输前打入3~4只去壳鸡蛋搅入泥中，以保持湿泥养分和水分。远途运输时，可放入适量泥鳅和水草，利用泥鳅的好动习性防止黄鳝相互缠绕，以利于提高成活率，也可用尼龙袋装水充氧运输。

五、运输过程中可能对黄鳝造成的损失

黄鳝在运输过程中，发生大批死亡的主要原因有以下几点，我们一定要有针对性地做到及时预防，减少损失：

1. 水温升高，导致黄鳝死亡

任何水产动物都有它合适的水温要求，水温的上升能引起黄鳝的活动加强和新陈代谢的加快，从而导致耗氧量的剧增。试验研究表明，水温在8~10℃时，黄鳝平均耗氧量为每小时38毫克/千克左右；当水温在23~25℃时，这也是黄鳝生长发育的最适水温，它的新陈代谢能力是最旺盛的，此时的耗氧量跃增到每小时326毫克/千克左右；

如果水温进一步上升到30～34℃时，耗氧量剧增到每小时697毫克/千克，这样高的耗氧量，加上在运输时黄鳝的密度比较大，自然易引起水中缺氧而导致黄鳝死亡。所以运输黄鳝最好是在春、秋季节，水温在25℃以下，并要定时换水，经常搅拌，保持最适温度。

2. 鳝体受伤引起死亡

一是用钩捕获的黄鳝直接用来运输，往往会使头部受伤而感染；二是用破损的篾篓或其他粗糙锋利的容器盛装，会使黄鳝体表受创；三是在运输时都是集中盛放，由于密度过大，它们相互用嘴撕咬，一般都会导致尾部咬伤。

受伤黄鳝，往往受强者的挤压而沉没于容器的底部。所以在运输时，要将病、伤的黄鳝剔出，容器要尽量光滑，无破损，另外运输密度要适宜。

3. "发烧"缺氧，使鳝窒息

所谓"发烧"，是指运输黄鳝的容器内水温显著升高，如果不及时换水，水质进一步恶化，直至呈暗绿色，并有强烈的腥臭味。这时水中严重缺氧，大批黄鳝会窒息而死。但这时体质比较健壮的黄鳝往往能挤到表层，奋力竖身昂头，呼吸空气，因而不会发生死亡。缺乏经验的人常被这种表层假象所蒙蔽，实际上表层以下的黄鳝已经相互纠缠成团，急待抢救或已经大量死亡。产生"发烧"的原因，是因为黄鳝体表富含黏液，容器内鳝的密度又大，如果不及时换水，黏液越积越多，在被细菌分解的过程中，能很快地将水中的溶解氧消耗完，并产生热量，从而使水温显著升高。所以在储运时使用青霉素等抗生素，加入少量的泥鳅，上下串动，使黄鳝减少相互缠绕，可降低"发烧"的发生率，并及时换水，可以提高成活率。

第十一章 黄鳝疾病的防治

第一节 黄鳝发病的原因

根据鱼病专家长期的研究，黄鳝发生疾病的原因可以从内因和外因两个方面进行分析，因为任何疾病的发生都是由于机体所处的外部因素与机体的内在因素共同作用的结果。

一、致病生物

常见的黄鳝疾病多数都是由于各种致病的生物传染或侵袭到鳝体而引起的，这些致病生物称为病原体。能引起黄鳝生病的病原体主要包括真菌、病毒、细菌、藻类、原生动物以及蠕虫、蛭类和甲壳动物等，这些病原体是影响黄鳝健康的罪魁祸首。在这些病原体中，有些个体很小，肉眼不能见，鱼病专家称它们为微生物，如病毒、细菌、真菌等。由于这些微生物引起的疾病具有强烈的传染性，所以又被称为传染性疾病。有些病原体的个体较大，如蠕虫、甲壳动物等，统称为寄生虫，由寄生虫引起的疾病又被称为侵袭性疾病或寄生虫病。

二、动物类敌害生物

在黄鳝养殖时，有可能遭遇能直接吞食或直接危害黄鳝的敌害生物，如池塘内的青蛙会吞食黄鳝的卵和幼苗，池塘里如果有乌鳢生存，喜欢捕食各种小型鱼类作为活饵。尤其是在其繁殖季节，一旦产卵孵化区域有小黄鳝游过，乌鳢亲鱼就会毫不留情地扑上去捕食这些黄鳝。因此，池塘中有这些生物存在时，对养殖品种的危害极大，要及时予以清除。

根据我们的观察及参考其他养殖户的实践经验，认为在池塘养殖时，黄鳝的敌害主要有鼠、蛇、鸟、蛙、其他凶猛鱼类、水生昆虫、水蛭、青泥苔等，这些天敌一方面直接吞食幼鳝而造成损失；另一方面，它们已成为某些鱼类寄生虫的宿主或传播途径，例如复口吸虫病可以通过鸥鸟等传播给其他鱼类。

三、植物类敌害生物

一些藻类如卵甲藻、水网藻等对黄鳝有直接影响。水网藻常常缠绕幼鳝并导致其死亡；而嗜酸卵甲藻则能引起黄鳝发生"打粉病"。

四、环境条件

1. 水温

黄鳝是冷血动物，体温随外界环境尤其是水体的水温变化而发生改变，所以温度对黄鳝的生活有直接的影响。当水温发生急剧变化，主要是突然上升或下降时，黄鳝由于适应能力不强，体温不能正常随之变化，就会发生病理反应，导致抵抗力降低而患病。黄鳝适宜在15～30℃水温条件下生长。由于鳝池面积小，昼夜水温变化大，炎夏高温季节，水温有时高达40℃以上，往往会出现黄鳝被"烫死"的现象。另外，由于鳝池要经常加注新水，换水量过大导致水温突变，从而影响黄鳝生长，例如水温猛降4℃左右时，极易引发黄鳝"感冒"。天气突变同样可能诱发疾病，甚至大批死亡。还有一点需要注意的就是，虽然短时间内温差变化不大，但是长期的高温或低温也会对黄鳝产生不良影响，如水温过高，可使黄鳝的食欲下降。因此，在气候突然变化或者鳝池换水时均应特别注意水温的变化。

2. 水质

黄鳝生活在水环境中，水质的好坏直接关系到黄鳝的生长。好的水环境将会使黄鳝不断增强适应生活环境的能力。如果生活环境发生变化，就可能不利于黄鳝的生长发育，当黄鳝的机体适应能力逐渐衰退而不能适应环境时，就会失去抵御病原体侵袭的能力，导致疾病的发生。因此，在水产行业内，有句话是"养鳝先养水"，就是要在养鳝前先把水质培育成适宜黄鳝养殖的"肥、活、嫩、爽"的标准。影响水质变化的因素有水体的酸碱度（pH）、溶氧（DO）、生物耗氧量（BOD）、透明度、氨氮含量等理化指标。

3. 底质

底质对池塘养殖的影响较大。底质中尤其是淤泥中含有大量的营养物质与微量元素，这些营养物质与微量元素对饵料生物的生长发育、水草的生长与光合作用都具有重要意义；当然，淤泥中也含有大量的有机物，会导致水体耗氧量急剧增加，往往造成池塘缺氧泛塘；同时，有学者指出，在缺氧条件下，鳝体的自身免疫力下降，更易发生疾病。

4. 酸碱度

一般来讲，pH在6.5～7.2（即中性偏酸）为最适范围。当水质过酸时，黄鳝的生长缓慢，pH 在 5～6.5 之间时，许多有毒物质在酸性水中的毒性也往往增强，导致黄鳝体质变差，易患打粉病。在饲养过程中可用石灰水进行调节，也可用 1‰碳酸氢钠溶液来调节水的酸碱度。但是若饲养水偏碱，高于 7.5 以上时，会导致黄鳝生长不良，极易患病，甚至死亡。此时可用 1‰磷酸二氢钠溶液来调节 pH 值。

5. 溶氧量

黄鳝的呼吸机制很特殊，对水体中溶解氧的忍受能力很强。一般而言，溶解氧较低对它的生命没有太大的威胁，但是长期处于低溶解氧条件下的黄鳝，会对它的生长发育造成影响。另外，如果在饲养过程中黄鳝的密度大，又没有及时换水，水中黄鳝的排泄物和分泌物过多、微生物滋生、蓝绿藻类浮游生物生长过多，都可导致水质变浑、变坏等恶化现象，使黄鳝发病。

6. 毒物

高温季节，投饵量大，黄鳝排泄量多，池底沉积大量有机物，有机质的分解会消耗水体中大量氧气，造成缺氧，使有机质被迫无氧分解，产生大量氨气、硫化氢、沼气等有害气体；同时厌氧菌趁机大量繁殖，感染黄鳝，导致疾病。另外，还有一些重金属盐类也会对黄鳝产生毒害，这些毒物不但可能直接引起黄鳝中毒，而且能降低黄鳝的防御机能，致使病原体容易入侵。急性中毒时，黄鳝在短期内会出现中毒症状或迅速死亡。当毒物浓度较低时，则表现出现慢性中毒，短期内不会有明显的症状，但生长缓慢或出现畸形，容易患病。现在各个地方甚至农村，各种工厂、矿山、工业废水和生活污水日益增多，含有一些重金属毒物、硫化氢、氯化物等物质的废水如进入鳝池，重则引起池子里的黄鳝大量死亡，轻则影响鳝的健康，使黄鳝的抗病机能削弱或引起传染病的流行。例如有些地方，土壤中重金属盐（铅、锌、汞等）含量较高，在这些地方修建鳝池，容易引起弯体病。

五、人为因素

1. 操作不慎

在饲养过程中，经常要进行给养鳝池换水、拉网捕捞、鳝种运输、亲鳝繁殖以及人工授精等工作，有时会因操作不当或动作粗糙，使黄鳝受惊蹦到地上，或器具碰伤鳝体，都可损伤鳝体表的黏液和皮肤，造成皮肤受伤出血等机械损伤，引起组织坏死，同时伴有出血现象。例如水霉病就是通过此途径感染的。

2. 外部带入病原体

在黄鳝养殖中，我们发现有许多病原体都是人为地由外部带入养殖池的，主要表现在从自然界中捞取天然饵料、购买鳝种、使用饲养用具等时，由于消毒、清洁工作不彻底，可能带入病原体。例如病鳝用过的工具未经消毒又用于无病鳝池的操作，或者新购鳝种未经隔离观察就放入池塘中，这些有意或无意的行为都能引起鳝病的重复感染或交叉感染。例如小瓜虫病等都是这样感染发病的。

3. 饲喂不当

黄鳝喜食新鲜饵料，如果投喂不当，投食不清洁或变质的饲料，时饥时饱，长期投喂单一饲料，饲料营养成分不足，缺乏动物性饵料和合理的蛋白质、维生素、微量元素等，导致黄鳝摄食不正常，就会使其缺乏营养，造成体质衰弱，容易感染患病。投饵过多，易引起水质腐败，促进细菌繁衍，导致黄鳝罹患疾病。另外，投喂的饵料变质、腐败，会直接导致黄鳝中毒生病。因此，在投喂时要讲究"四定"技巧，在投喂配合饲料时，要求投喂的配合饵料要与黄鳝的生长需求一致，这样才能确保黄鳝的营养良好。

另外，如果投饵量不足或驯食不彻底，黄鳝会出现自相残杀现象，除了造成死亡外，那些受伤的黄鳝的伤口也是病菌入侵的门户，通常会导致疾病传染。

4. 没病乱放药，有病乱投医

水产养殖从业者的综合素质及健康养殖观念等亟待提高。渔民缺乏科学用药、安全用药的基本知识，病急乱用药，盲目增加剂量，给疾病防治增加了难度，尤其是原料药的大量使用所造成的危害相当大。大量使用化学药物及抗生素，造成正常生态平衡被破坏，最终可能导致耐药性微生物与病毒性疾病暴发，受伤害的还是渔民。

5. 药物使用不当

黄鳝为无鳞鱼，对药物的抵抗力与有鳞鱼有很大差异。如果消毒剂、浸泡药物刺激性太强，会破坏黄鳝体表黏液，导致体质及免疫力下降，极易被有害菌侵入体内致病。内服药应以保健药、中草药为主，从增强黄鳝体质、增加免疫力的角度进行预防。

6. 放养密度不当和混养比例不合理

合理的放养密度和混养比例能够增加黄鳝和其他鱼的产量，但是过高的养殖密度是疾病频发的重要原因。如果放养密度过大，会造成缺氧，并降低饵料利用率，引起黄鳝的生长速度不一致，大小悬殊，同时由于黄鳝缺乏正常的活动空间，加之代谢物增多，会使其正常摄食生长受到影响，抵抗力下降，发病率增高。另外，在集约化养殖条件下，高密度放养已造成水质二次污染、病原传播、水体富营养化，赤潮频繁发生，加上饲养管理不当等，都为病害的扩大和蔓延创造了有利条件，是导致近年来疾病绵绵不断、愈演愈烈的原因。

另外，混养比例不合理，也会导致疾病的发生。例如有些侵扰性较强的鱼类，当它们和不同规格的黄鳝同池饲养时，易发生大欺小和相互咬伤现象，长期受欺及被咬伤的黄鳝，往往发病率较高。

7. 饲养池进排水系统设计不合理

饲养池的进排水系统不独立，一池黄鳝发病往往也传播到另一池，这种情况特别是在大面积精养时或流水池养殖时更要注意预防。

8. 消毒不够

有的时候，养殖者也对鳝体、池水、水草、食场、食物、工具等进行了消毒处理，但由于种种原因，或是用药浓度太低，或是消毒时间太短，导致消毒不够，这种无意间的疏忽也会使黄鳝的发病率大大增加。

9. 品种退化

水生动物种质日趋退化，以及苗种质量的良莠不齐，都将使水产动物抗病力下降，导致疾病的发生。

第二节 黄鳝药物的选用

一、黄鳝药物的选用原则

黄鳝药物选择正确与否直接关系到疾病的防治效果和

养殖效益，所以我们在选用药物时，讲究几条基本原则：

1. 有效性

为使生病的黄鳝尽快好转和恢复健康，减少生产上和经济上的损失，在用药时应尽量选择高效、速效和长效的药物，用药后的有效率应达到70％以上。例如在治疗黄鳝体表疾病时，如果用抗生素、磺胺类药、含氯消毒剂等都有疗效，则应首选含氯消毒剂，可同时直接杀灭体表和养殖水体中的细菌，且杀菌快、效果好；如果是细菌性肠炎，则应选择喹诺酮类药、氟哌酸，制成药物饵料进行投喂。

2. 安全性

药物的安全性主要表现在以下几个方面：

（1）药物在杀灭或抑制病原体的有效浓度范围内对黄鳝本身的毒性损害程度要小，因此有的药物疗效虽然很好，只因毒性太大在选药时不得不放弃，而改用疗效居次、毒性作用较小的药物。

（2）对水环境的污染及其对水体微生态结构的破坏程度要小，甚至对水域环境不能有污染。尤其是那些能在水生动物体内引起"富集作用"的药物，如含汞的消毒剂和杀虫剂，含丙体六六六的杀虫剂（林丹）坚决不用。这些药物的富集作用，直接影响到人们的食欲，并对人体也会有某种程度的危害。

（3）对人体健康的影响程度要小，在黄鳝被食用前应有一个停药期，并要尽量控制使用药物，特别是对确认有致癌作用的药物，如孔雀石绿、呋喃丹、敌敌畏、六六六等，应坚决禁止使用。

（4）严禁使用高毒、高残留或具有三致毒性（致癌、致畸、致突变）的鳝药，以不危害人类健康和破坏水域生态环境为基础，选用"三效"（高效、速效、长效）"三小"（毒性小、副作用小、用量小）的鳝药。大力推广健康养殖技术，改善养殖水体生态环境，提倡科学合理的混养和密养，建议使用生态综合防治技术和使用生物制剂、中草药对病虫害进行防治。

3. 廉价性

选用鳝药时，应多作比较，尽量选用成本低的鳝药。许多鳝药有效成分大同小异，或者药效相当，但价格相差很远，对此要注意选择。

二、辨别鳝药

辨别鳝药的真假优劣可按下面三个方面判断：

一是"五无"型的药。即无商标标识、无产地（即无厂名厂址）、无生产日期、无保存日期、无合格许可证。这种连基本的外包装都不合格的药是最典型的假药。

二是冒充型的药。这种冒充表现在两个方面：一种情况是商标冒充，主要是一些见利忘义的厂家发现市场俏销或正在宣传的鱼用药物，即推出同样包装、同样品牌的产品或冠以"改良型产品"之名；另一种情况就是一些生产厂家利用一些药物的可溶性特点将一些粉剂药物改装成水剂药物，然后冠以新药之名投放市场。这种冒充型的假药具有一定的欺骗性，普通的养殖户一般难以识别，需要专业人员及时进行指导帮助。

三是夸效型的药。具体表现就是一些药品生产企业不顾事实，肆意夸大诊疗范围和效果。有时我们可见到部分药品包装袋上的广告吹得天花乱坠，声称包治百病，实际上疗效不明显或根本无效，见到这种能治所有鱼病的黄鳝药物可以摒弃不用。

三、选购药物的技巧

选购鳝药首先要在正规的药店购买，注意药品的有效期。

其次是特别要注意药品的规格和剂型。同一种药物往往有不同的剂型和规格，其药效成分往往不相同。如漂白粉的有效氯含量为 $28\%\sim32\%$，而漂粉精为 $60\%\sim70\%$，两者相差 1 倍以上；再如 2.5% 粉剂敌百虫和 90% 晶体敌百虫是两种不同的剂型，两者的有效成分相差 36 倍。不同规格药物的价格也有很大差别。因此，了解同一类鳝药的不同商品规格，便于选购物美价廉的药品，并根据商品规格的不同药效成分换算出正确的施药量。

再次就是合理用药，对症下药。目前常用于防治黄鳝细菌、病毒性疾病和改善水域环境的全池泼洒鳝药有氧化钙（生石灰）、漂白粉、二氯异氰尿酸钠、三氯异氰尿酸、二氧化氯、二溴海因、四烷基季铵盐络合碘等；常用杀灭和控制寄生虫性原虫病的鳝药有氯化钠（食盐）、硫酸铜、硫酸亚铁、高锰酸钾、敌百虫等。这些药物常用于浸浴、挂篓和全池泼洒。常用内服药有土霉素、红霉素、诺氟沙星、磺胺嘧啶和磺胺甲噁唑等。中草药有大蒜、大蒜素粉、大黄、黄茶、黄柏、五倍子和苦参等，可以用中草药浸液全池泼洒和拌饵内服。

四、用药技巧

目前，市面上用于治疗疾病的鳝药可谓应有尽有，给黄鳝养殖户带来更多的选择。为避免鱼病用药不奏效，应注意以下问题：

1. 有效期

即这一批生产的药品最长使用时间。

2. 存放条件

即药品在保存时需要注意什么要点，一般来说，许多药品需要避光、低温、干燥保存。

3. 主治对象

即本药的最适用病症是什么，这样方便养殖户按需选购。现在许多商品药都标榜能治百病，这时可向有使用经验的人请教，不可盲目相信。

4. 避免多种药物混用

一旦混用的药物多了，难免会造成一些药品间发生化学反应，可能会产生化学反应和毒副作用，因此在使用时一定要注意药物间的配伍禁忌。

5. 用药的水质条件

大部分鱼药都会受水温、pH 值、硬度和溶解氧影响。因此在用药前最好先了解水体的条件，尽可能减少水质对药物的影响。

6. 准确计算用药量和坚持疗程

一是要准确测量和估算水体的量；二是要准确称量药物的用量，以做到合理安全用药；还有一点就是一定要坚持用药，最少要坚持一个疗程，千万不要今天用这种药，明天改用另一种，后天一看又改用其他的药了。这样做，不但不会及时救治黄鳝，反而会使患病黄鳝加重对药物的应激反应而死亡。

最后要注意的就是尽量避免长期使用同一种药物及无

病乱用药，以免产生耐药性。

五、准确计算用药量

鳝病防治上内服药的剂量通常按黄鳝体重计算，外用药则按水的体积计算。

1. 内服药的计算

首先应比较准确地推算出黄鳝群体的总重量，然后折算出给药量的多少，再根据鱼的种类、环境条件、黄鳝的吃食情况确定出黄鳝的吃饵量，最后将药物混入饲料中制成药饵进行投喂。

2. 外用药的计算

先算出水的体积。水体的面积乘以水深就得出体积，再按施药的浓度算出药量，如施药的浓度为 1 毫克/升，则 1 米^3 水体应该用药 1 克。

如某黄鳝养殖池发生了疾病，需用 0.5 毫克/升浓度的晶体敌百虫来治疗。该池长 100 米，宽 40 米，平均水深 1.2 米，那么使用药物的量就应这样推算：黄鳝养殖池水体的体积是 100 米×40 米×1.2 米＝4800 米^3，然后再按规定的浓度算出药量为 4800 米^3×0.5 毫克/升＝2400 克。那么这口池塘就需用晶体敌百虫 2400 克。

第三节　黄鳝常见病的防治

一、赤皮病的防治

赤皮病别名赤皮瘟。

1. 病原病因

细菌感染导致。尤其是在捕捞或运输时受伤，细菌侵入皮肤所引起。

2. 症状特征

体表局部出血，发炎，鳞皮脱落，病鳝身体瘦弱。

3. 流行特点

（1）全国各黄鳝养殖区均能发病。

（2）一年四季均可发生。

4. 危害情况

（1）主要危害成鳝。

（2）该病发病快，传染率及死亡率都很高，最高时死亡率可达80%。

5. 预防措施

（1）放养时用10毫克/升漂白粉浸洗鳝体20分钟。

（2）在鳝池埂上栽种菖蒲和辣蓼。

（3）捕捞和运输苗种时，小心操作，勿使鳝体受伤。

（4）发病季节用0.4毫克/升漂白粉挂篓预防。

6. 治疗方法

（1）用0.5毫克/升漂白粉全池泼洒。

（2）用100克/升食盐水或10毫克/升二氧化氯溶液擦洗患处。

（3）用20～50克/升食盐水浸洗病鳝15～20分钟。

二、烂尾病的防治

1. 病原病因

由点状产气单胞杆菌引起的细菌性鱼病。

2. 症状特征

黄鳝患病后，尾部发炎充血，继之尾部的肌肉开始出现坏死溃疡现象，严重时整个尾部烂掉，尾脊骨全部露在外面。病鳝在水中游动时反应迟缓，常常把头伸出水面，时间一长就会因丧失活动能力而死亡。

3. 流行特点

（1）该病一年中均很常见。

（2）各种规格的黄鳝都可能发生此病。

（3）常伴随感染水霉病。

4. 危害情况

严重时，病鳝会死亡。

5. 预防措施

（1）捕捞、换水、运输等操作要小心，防止鳝体受到机械损伤。

（2）尽量消灭寄生虫，防止寄生虫咬伤鳝体，以减少致病菌感染。

（3）用0.5毫克/升二氧化氯全池遍洒。

（4）每100千克黄鳝每天用3克氟哌酸拌饲料投喂，连喂5天。

6. 治疗方法

（1）用三氯异氰尿酸泼洒，使饲养水中的药物浓度达到0.4～1毫克/升。

（2）发病初期，用浓度为1%的二氯异氰尿酸钠溶液涂抹，每天1次，连续多次，同时用二氧化氯泼洒，使饲养水中的药物浓度达到1～2毫克/升。

（3）用浓度为2.5毫克/升的土霉素溶液浸洗鳝体30分钟，再泼洒稳定性粉状二氧化氯，使水体中药物浓度达到0.3毫克/升。

（4）用0.8～1.5毫克/升利凡诺全池遍洒。

（5）用药物治疗的同时，必须投喂营养丰富的配合饲料，加强营养，以增强抗病力与组织再生能力。

（6）每亩水面用五倍子 1 千克，加水 3～5 千克，煮沸 20 分钟，连渣带汁全池泼洒，使池水含五倍子浓度为每立方米 1～4 克。

三、肠炎的防治

肠炎别名烂肠瘟。

1. 病原病因

肠型点状气单胞杆菌感染所致。尤其是黄鳝吃了腐败变质的饵料或饥饱失常，造成消化道感染病菌时更易发生。

发病原因可能与过量饱食、气候骤变、水温或溶氧下降及水质恶化等有关，饲料不新鲜、变质也可引发肠炎。

2. 症状特征

病鳝反应迟钝，活动力下降，离群独游，食欲明显下降或没有食欲，水面上漂浮着包有黄白色黏液的粪便。体色变青发黑，肛门红肿突出，可明显看见肛门外有两个小孔，轻压腹部有黄色或红色黏液从肛门及口腔中流出。肠管充血发炎，一般不会引起大量死亡，但有可能引发其他并发症，如并发肝脏问题等，则有可能很快死亡。

3. 流行特点

（1）在黄鳝整个生长过程中均可发生此病。

（2）5～8 月是主要流行时期。

（3）流行水温 25～30℃。

（4）全国主要黄鳝养殖区都能发病。

4. 危害情况

（1）主要危害幼鳝、成鳝。

（2）能导致黄鳝直接死亡。

5. 预防措施

（1）投喂新鲜优质饲料，不投腐败变质饵料，掌握投饲"四定""四看"技术。

（2）天气变化或使用药物时可适当降低投饵量，保持鳝池环境清洁。

（3）用生石灰彻底清池，每平方米 15～25 克。

（4）在发病季节每 10～15 天用漂白粉消毒 1 次。

（5）长期投喂含三黄粉 0.25 克/千克的饲料。

6. 治疗方法

（1）每 10 千克黄鳝第 1 天用氟哌酸 1 克，拌食投喂，第 2～6 天减半。

（2）每千克食物拌 200 克大蒜糜，连喂 3 天，每天 1 次。

（3）每 10 千克黄鳝用地锦草、辣蓼或菖蒲 0.5 千克，单独或混合熬汁拌食投喂，每天 1 次，连续 3 天。

（4）用 10 毫克/升漂白粉全池遍洒。

（5）每 100 千克黄鳝用大蒜 500 克、食盐 500 克，分别捣烂、溶解，拌饵投喂，连喂 7 天为一个疗程。

（6）用菌必清 0.05 毫克/升全池泼洒，连用 2～3 天。同时内服药物（鱼病康散 4 克/千克饲料＋三黄粉 0.5 克/千克饲料＋芳草多维 2 克/千克饲料），连用 3～5 天。

四、白皮病的防治

1. 病原病因

由白皮极毛杆菌引起。主要由于捕捞、分箱、过筛、运输时操作不细致，使黄鳝受伤后感染了细菌。

2. 症状特征

发病初期，在尾柄或背鳍基部出现一小白点，以后迅速蔓延扩大病灶，致使黄鳝的后半部全成白色。病情严重时，病鳝的尾部全部烂掉，病鳝行动缓慢，一抓就能抓住。

3. 流行特点

一年四季均可发生，主要流行季节为5～8月。

4. 危害情况

死亡率高。

5. 预防措施

（1）避免鳝体受伤。

（2）用1毫克/升漂白粉全池泼洒。

6. 治疗方法

（1）用2～4毫克/升五倍子捣烂，用热水浸泡，连渣带汁泼洒全池。

（2）用2%～3%食盐水浸洗病鳝20～30分钟。

（3）病鳝池泼洒0.3～0.5毫克/升二氧化氯。

（4）每亩每米水深用菖蒲1千克、枫树叶5千克、辣蓼3千克、杉树叶2千克，煎汁后加入人粪尿或牲畜粪尿20千克，全池泼洒。

（5）每亩用韭菜2～3千克，加0.5千克食盐，和豆饼一起磨碎后投喂。每日2次，连喂2～3天。

（6）每亩用白头翁1.2千克、菖蒲2.4千克、野菊花2千克、马尾松5千克，混合煎汁，全池泼洒。

（7）口服四黄粉，按饲料重量的5%混入饲料中，连喂3天即可。

五、出血病的防治

1. 病原病因

嗜水气单胞菌侵入受伤鳝体皮肤所致。苗种下箱或进池后，由于苗种质量差，抵抗力弱，加之降雨、低温、天气变坏、水质恶化等原因，引起鳝苗的细菌感染。

2. 症状特征

黄鳝患此病后在水中上下串动或不停绕圈翻动，久之则无力游动，横卧于水草上呈假死状态。白天可见病鳝头部伸出水面，俗称"打桩"；晚上可见身体部分露出水面，俗称"上草"。黄鳝体表出现许多大大小小的充血斑块，有时全身会出现弥漫性出血，特别是腹部明显，病鳝内脏器官出血，用手轻轻挤压便有血水流出。

3. 流行特点

（1）此病多发生于盛夏及初秋季节。

（2）网箱养殖黄鳝更易发生。

4. 危害情况

（1）30克以上的黄鳝最易受伤害。

（2）死亡率较高，有时可达60%。

5. 预防措施

（1）放养前，用生石灰彻底清塘，防止黄鳝体表受伤。

（2）定期更换池水，保持水质清新。

（3）定期使用净水宝或鱼用微生物水质调节剂，每10天一次。

6. 治疗方法

（1）按每100千克黄鳝用氟哌酸20克、大蒜1千克，捣烂，拌入蚯蚓糊，每天投喂 1 次，连喂 3 天即可。

（2）用芳草灭菌净水液对网箱定点泼洒 2 次，同时内服出血散、三黄粉和芳草多维，连续拌饵投喂 2～3 天，1 天 1 次。

六、打印病的防治

1. 病原病因

点状气单胞菌感染所致。当养殖条件恶化、放养密度大、苗种规格不整齐、鳝体受损伤、饲料腐败、网箱没有浸泡好而划伤鳝体等时，易受病原菌感染而生病。

2. 症状特征

发病黄鳝常将头部伸出水面。体表局部出血发炎，在鳝体侧或伤口处出现圆形或椭圆形黄豆或蚕豆大小的红斑，状似打了一个红色的印记，严重时表皮腐烂或呈斗状小窝，直到烂穿露出骨骼与内脏。

3. 流行特点

（1）流行广泛，多见于夏秋两季。

（2）流行温度是 20～30℃。

4. 危害情况

该病从幼鳝到成鳝都会被感染，尤其对成鳝的危害更大。

5. 预防措施

（1）定期换水，保持水质清新。

（2）放养前，用生石灰彻底清塘，并防止黄鳝体表受伤。

（3）苗种进箱或进池时要求规格一致，浸泡网箱及分箱操作要规范。

（4）平时可在鳝池中按每 5 米² 投放 1 只活蟾蜍，其分泌的蟾酥对此病有较好的预防作用。

（5）每立方米水体用生石灰 7 克化水趁热全池泼洒，每半个月 1 次，加以预防。

6. 治疗方法

（1）将发病鳝池水排干，清除底泥，另垫泥土，灌注新水。

（2）用 100 毫克/升漂白粉全池泼洒，每天 1 次，连续 3 天，以后每半月 1 次。

（3）直接在病灶部位涂抹高锰酸钾溶液清洗。

（4）取 1～2 只剥皮的癞蛤蟆，用绳子系在池内来回拖几趟，使蟾蜍分泌的蟾酥散发于池内，可治疗此病。

（5）用 5％食盐水浸洗黄鳝体表 5 分钟。

（6）外用菌必清或强效消毒液对水体消毒一次，再用芳草泼洒剂对网箱定向泼洒 2～3 次，1 天 1 次；同时内服鱼病康、三黄粉和芳草多维 2～3 次，1 天 1 次。

七、毛细线虫病的防治

1. 病原病因

毛细线虫寄生在黄鳝肠壁黏膜层，破坏组织，使肠中其他病菌侵入肠壁引起发炎。

2. 症状特征

毛细线虫头部钻入肠壁黏膜，破坏组织，并形成胞囊，使肠壁发炎、红肿。大量寄生时，黄鳝躁动不安，摄食减少，鳝体消瘦，伴有水肿，肛门红肿，可造成黄鳝消瘦死亡。

3. 流行特点

（1）全国各地养鳝地区均发病。

（2）多发生于夏末秋初。

4. 危害情况

（1）此病是人工养殖黄鳝过程中最常见的寄生虫疾病之一。

（2）严重时可直接导致黄鳝死亡。

5. 预防措施

（1）用生石灰彻底清塘，或放鳝种前将池水排干，经太阳长时间曝晒，杀死病原体。

（2）在流行季节，每立方米水体用20克生石灰清池，杀灭中间寄主、带病者及其虫卵。

6. 治疗方法

（1）每千克黄鳝用90％晶体敌百虫按0.1克拌入剁碎的蚯蚓或新鲜河蚌肉投喂，连续6天，即可治愈该病。

（2）用强效消毒液浸洗病鳝。

（3）用芳草纤灭全池泼洒一次。

八、嗜子宫线虫病的防治

嗜子宫线虫病别名红线虫病。

1. 病原病因

由嗜子宫线虫寄生而引起。

2. 症状特征

只有少数嗜子宫线虫寄生时，黄鳝没有明显的患病症状。虫体一般是在冬季寄生在黄鳝肠道和腹腔中，春季后虫体生长迅速。当虫体破裂后，可引起黄鳝生病，往往引起细菌病、水霉病继发。

3. 流行特点

（1）春季是该病的流行季节，夏秋季不发此病。

（2）华东、华中地区等地发病率较高。

（3）需要剑水蚤作中间寄主。

4. 危害情况

患嗜子宫线虫病的黄鳝一般不会立即死亡，即使病情严重，也在5月份左右死亡。

5. 预防措施

（1）用90%晶体敌百虫0.4～0.6毫克/升全池泼洒，杀死水体中的中间宿主——剑水蚤类，4月下旬及5月上旬各遍洒一次。

（2）用二氧化氯泼洒，使水体中的药物浓度达到0.3毫克/升，可以预防继发性的细菌性疾病的发生。

6. 治疗方法

（1）用90%晶体敌百虫2.5克拌在1000克的蚯蚓里，连续投喂3天。

（2）用三氯异氰尿酸泼洒，水温25℃以上时，使水体中的药物浓度达到0.1毫克/升；20℃以下时，用药浓度为0.2毫克/升。

（3）内服甲苯咪唑，每1千克饲料或5千克鲜活饵料加药10克，搅拌均匀后投喂，连喂3天为一疗程。

九、复口吸虫病的防治

复口吸虫病别名黑点病、双穴吸虫病。

1. 病原病因

复口吸虫的囊蚴寄生于黄鳝的皮下组织或眼中引起。

2. 症状特征

黄鳝刚刚发病的时候，尾部出现浅黑色的小圆点，用手抚摸时，有异样感觉；随着病情的加重，小圆点也渐渐变大而且慢慢隆起，颜色渐渐变深；有的黑色小圆点突起直入皮下，并蔓延到身体的多个部位，就好像黄鳝身上长了黑芝麻一样，所以形象地称之为黑点病。病鳝眼的晶状体浑浊，呈乳白色，严重时整个眼睛失明或晶状体脱落，导致病鳝不能正常摄食，也不进入洞穴中，在游泳姿态上表现为挣扎状，以致黄鳝瘦弱而死。

3. 流行特点

（1）该病流行于 5～8 月份。

（2）全国各地都有发生，尤其在鸥鸟及锥实螺较多的地区更为严重。

（3）患病者多数是 1 龄以上的黄鳝，患病率相当高。

4. 危害情况

发病后鳝体颜色变异，晶状体浑浊，易造成黄鳝死亡。

5. 预防措施

（1）切断传播途径，当鳝池里一旦发现有锥实螺时，立即清除，因为锥实螺是复口吸虫的中间寄主。

（2）饲养前鳝池要进行彻底清塘，在放养鳝种前可用 0.7 毫克/升硫酸铜溶液全池泼洒，消灭中间寄主，进水时要进行过滤。

6. 治疗方法

（1）人工捕杀锥实螺。

（2）用 0.7 毫克/升的二氧化铜溶液全池泼洒。

（3）内服甲苯咪唑，每 1 千克饲料或 5 千克鲜活饵料加药 10 克，搅拌均匀后投喂，连喂 3 天为一疗程。

十、隐鞭虫病的防治

1. 病原病因

由颤动隐鞭虫寄生在黄鳝血液中而引起的疾病。

2. 症状特征

被感染的黄鳝呈贫血状，吃食减少，病体消瘦，游动缓慢，呼吸困难，大量寄生于血液中会引起黄鳝死亡。

3. 流行特点

全年都可感染，以夏、秋两季较为常见。

4. 危害情况

（1）一般对成鳝的感染率较低，危害不大。

（2）主要危害幼鳝和鳝苗，可以导致黄鳝种苗的大量死亡。

5. 预防措施

可以通过内服杀虫药进行预防，每千克配合饲料或每5千克的活饵料中拌和10克的甲苯咪唑，拌匀后投喂，每月可连续投喂2天。

6. 治疗方法

（1）用2%～3%食盐水浸洗病鳝5～10分钟。

（2）用硫酸铜和硫酸亚铁合剂（二者比例为5∶2）全池泼洒，使池水达到0.7毫克/升的浓度，每天一次，3次为一个疗程。

十一、新棘虫病的防治

1. 病原病因

隐藏新棘虫在黄鳝的前肠中营寄生生活所引起的。

2. 症状特征

病鳝肠壁损伤发炎，或因大量寄生而引起肠梗阻、肠道穿孔或溃烂。病鳝食欲减退，或不摄食，鱼体消瘦，体色发黑发青。严重时可见病鳝身体盘曲，用头抵住腹部，最后死亡。

3. 流行特点

新棘虫对黄鳝的感染能力很强，在湖泊、水库等自然水体中，感染率在 90% 以上；而在经过消毒处理的池塘环境中，新棘虫对黄鳝的感染率为 50% 左右。

4. 危害情况

（1）体内寄生虫达到 30 条以上时，会导致黄鳝的生殖腺发生萎缩。

（2）新棘虫感染更多时，黄鳝的死亡率比较高。

5. 预防措施

主要是做好池塘的清塘消毒工作，尤其是要杀死水体中的剑水蚤，因为它是新棘虫的中间寄主。

6. 治疗方法

（1）每千克黄鳝用 90% 晶体敌百虫 0.1 克与切碎的河蚌肉掺拌投喂，每天 1 次，3～5 天为一疗程。

（2）用具有驱虫效果的中草药或其他驱虫药。

十二、锥体虫病的防治

锥体虫病别名昏睡病。

1. 病原病因

由锥体虫寄生在黄鳝的血液内而引起的疾病。

2. 症状特征

黄鳝病情较轻时，症状不明显，只是身体略微瘦弱。寄生虫严重感染时，黄鳝身体相当瘦弱，如同枯枝，生长发育不良，同时伴有贫血现象，但不会引起大批死亡。

3. 流行特点

（1）一年四季均有发现，尤以夏、秋两季较普遍。

（2）饲养水体中的蛭类是锥体虫病的媒介生物，因此，锥体虫病的发生与否，与水体中有无蛭类密切相关。

（3）养殖环境决定黄鳝的受感染程度，在池塘里感染率要比在湖泊、水库中的感染率要小得多，这主要是由于在池塘里，坚持池塘的清整和消毒；加上对黄鳝进行治疗疾病时，投放鱼药也不同程度地杀死了锥体虫的媒介生物和中间寄主。

4. 危害情况

锥体虫是寄生在黄鳝体内的常见寄生虫，影响黄鳝的生长发育，只有个别严重者会死亡。

5. 预防措施

杀灭水蛭，水蛭是锥体虫的传播媒介，用生石灰或漂白粉清塘消毒，也可用敌百虫毒杀水蛭。

6. 治疗方法

（1）内服甲苯咪唑，每1千克饲料或5千克鲜活饵料加药10克，搅拌均匀后投喂，连喂3天为一疗程。

（2）可用盐水或硫酸铜浸洗病鳝。用3％～4％食盐水浸洗病鳝3～5分钟，再用0.7毫克/升硫铁合剂（0.5毫克/升硫酸铜、0.2毫克/升硫酸亚铁）浸洗病鳝10分钟，可以有效地杀灭大部分锥体虫。

十三、水霉病的防治

1. 病原病因

由水霉菌寄生引起。主要是黄鳝在运输、翻箱等机械性损伤或互相咬伤皮肤后被霉菌侵入所致。

2. 症状特征

霉菌的菌丝在体表迅速蔓延扩散而生成"白毛"，呈灰白棉絮状，肉眼可见，病鳝表现焦躁不安，患病处肌肉糜烂，食欲不振，最后消瘦而死。

3. 流行特点

（1）水霉菌在5～26℃均可生长繁殖，最适温度13～18℃，水质较清的水体中易生长繁殖并流行。

（2）四季均可发生，尤其在晚冬最流行。

4. 危害情况

主要寄生在黄鳝的伤口处以及受精卵上，危害黄鳝的鳝卵及仔鳝。

5. 预防措施

（1）黄鳝入池前，用生石灰清池消毒。

（2）放养时大小分养，防止大鳝吃小鳝。

（3）操作时尽量减少鳝体受伤。

（4）投饵均匀适量，减少黄鳝自相残杀。

6. 治疗方法

（1）及时更换新水。

（2）用400毫克/升食盐和400毫克/升的小苏打合剂全池泼洒。

（3）用30～50克/升食盐水浸泡病鳝3～4分钟，并用0.2%亚甲基蓝溶液全池遍洒，抑制病情发展。

（4）成鳝患病时用5%碘水涂抹患处。

（5）受精卵可用50毫克/升亚甲基蓝溶液浸洗3～5分钟，连续2天后每天用10毫克/升亚甲基蓝1次，直至孵化出苗为止。

（6）用水霉净浸泡或全箱（池）泼洒1~2次。

十四、感冒的防治

1. 病原病因

黄鳝和其他鱼类一样都属于冷血动物，其体温会随着水温而变化。一般来说，长期生活在同一水体环境中的黄鳝，体温与水温基本相当，只有0.2℃左右的温差。当水温骤变，温差达到3℃以上，黄鳝突然遭到不能忍受的刺激则易感冒发病。

2. 症状特征

病鳝表现为焦躁不安，皮肤失去原有光泽，颜色暗淡，体表出现一层灰白色的翳状物，严重时病鳝呈休克状态，以致发生死亡。

3. 流行特点

（1）在春秋季温度多变时易发病。

（2）夏季雨后易发病。

4. 危害情况

（1）幼鱼易发病。

（2）当水温温差较大时，几小时至几天内鱼体就会死亡。

（3）当长期处于其生活适温范围下限时，会引起鱼发生继发性低温昏迷；长期处于低温时，还可导致鱼体被冻死。

（4）初次养殖黄鳝的经营者经常会因发生黄鳝感冒而造成损失。

5. 预防措施

（1）换水时及冬季注意温度的变化，防止温度的变化过大，可有效预防此病。一般新水和老水之间的温度差应控制在 2℃ 以内，换水时宜少量多次地逐步加入。

（2）在给养殖池换水时，换水量不要太大，一般新加的水不要超过老水的 1/4。

6. 治疗方法

适当提高温度，用小苏打或 1% 食盐溶液浸泡病鱼，可以渐渐恢复健康。

十五、发烧的防治

1. 病原病因

主要是由于高密度养殖或密集式运输时，鳝体表面分泌大量黏液，在水体中微生物作用下，聚积发酵加速分解，消耗水中溶氧并产生大量热量，使水温骤升，溶氧降低而引发。

2. 症状特征

黄鳝体表较热，焦躁不安，相互纠缠在一起形成团块状，体表黏液脱落，池水黏性增加，头部肿胀，可造成大批死亡。

3. 流行特点

（1）全国各地养鳝地区均发病。

（2）多发于 7～8 月。

4. 危害情况

主要危害成鳝。

5. 预防措施

（1）夏季要搭棚遮阳，勤换水，及时清除残饵。

（2）降低养殖密度，鳝池内可搭配混养少量泥鳅，以吃掉残饵，维持良好水质。另外泥鳅的上下串游可防止黄鳝相互缠绕。

（3）在运输或暂养时，可定时用手上下捞抄几次。

6. 治疗方法

（1）黄鳝发病后，立即更换新水。

（2）池中用0.7毫克/升硫酸铜和硫酸亚铁合剂泼洒（两者比例5:2）。

（3）发病后可用0.07％硫酸铜液，按每立方米水体5毫升的用量泼洒全池。

（4）每立方米水体用大蒜100克＋食盐50克＋桑叶150克捣碎成汁，均匀泼洒鳝池，每天2次，连续2～3天。

十六、水蛭病的防治

1. 病原病因

水蛭，俗称蚂蟥，吸附在黄鳝体表，引起细菌感染而得病。尤其是用无土法养殖黄鳝时，在池中培育水葫芦，对养殖效果是有利的，但易带入蚂蟥（蚂蟥喜躲藏在水葫芦的根部）。

2. 症状特征

病鳝活动迟缓，食欲减退，影响生长。

3. 流行特点

全年均可发生，尤其以夏秋季为高发期。据有关资料的介绍，1条黄鳝的体表可寄生蚂蟥10多条，多的甚至超过100条。

4. 危害情况

（1）黄鳝感染时，死亡率可达10％左右。

（2）水蛭还是鳝锥体虫的中间宿主，可导致锥体虫病。

5. 预防措施

(1) 在选择养殖黄鳝的水域时，应事前调查了解该水域是否有蚂蟥出没，如果水域中蚂蟥很多，进水时应采取过滤处理等措施，防止引入蚂蟥。否则，不宜作黄鳝养殖场地。

(2) 饲养黄鳝时，要特别重视水体中不要引进蚂蟥，也不让蚂蟥有繁殖的条件。

(3) 注意在移植水生植物如水葫芦时，不带入虫源。

(4) 利用蚂蟥趋动物血腥味的特性，可用干枯的丝瓜浸湿猪鲜血后，放入有蚂蟥的鳝池中，诱蚂蟥聚集，待1～2小时取出丝瓜，将蚂蟥捕杀；或在养鳝池中插上一个内装有畜禽血的细小竹筒，待蚂蟥钻到筒内吸血后再捕捉。

6. 治疗方法

(1) 用25升水加90%晶体敌百虫50克配制成0.2%敌百虫溶液，将病鳝放入，浸洗10～15分钟，能使蚂蟥脱落致死。

(2) 用25升水加硫酸铜0.25克，配制成10毫克/升硫酸铜溶液，将病鳝放入，浸洗5～10分钟，能使蚂蟥脱落致死。如发现浸洗时黄鳝有颤抖现象，说明药物浓度过高或浸洗时间过长，应立即将黄鳝捞出置于清水中。

(3) 用10毫克/升敌百虫液或5毫克/升高锰酸钾液浸泡水葫芦，杀灭蚂蟥的效果均较好。方法是将有蚂蟥吸附的水葫芦放到配制好的药液中浸泡，则吸附在根上的蚂蟥全部脱落，并逐渐死亡，而对水葫芦本身无影响。

十七、肌肉萎缩病的防治

1. 病原病因

黄鳝患上这种病一般都是人为造成的，主要是放养密度过大、长期投喂不足或放养鳝种时大小混放而引起。

2. 症状特征

病鳝头大、颈小、身细，机体的肥满度下降，产生肌肉萎缩现象。病鳝的体色发黑，表现为离群独游，浑身无力游泳，待在水边不动，食欲下降，严重时失去摄食能力。

3. 流行特点

一年四季均可发生，尤其是在越冬期间更易发生。

4. 危害情况

成鳝可在一年之内萎缩到30克重，体长缩至20厘米以下。

5. 预防措施

（1）放养鳝种时做到大小规格一致，不同规格的鳝种要分池（箱）放养。

（2）放养密度要合适，不可过度追求高密度养殖。

（3）保证饲料的稳定供给，避免饱一餐、饥一顿的养殖方法。同时对饲料的质量要把关，确保黄鳝吃饱吃好。

6. 治疗方法

（1）本病还是以预防为主，治疗为辅，当黄鳝出现肌肉萎缩症状后，将病鳝分离出来单独养殖，同时注意满足饲料的供给。在疾病的早期可使病鳝恢复健康。

（2）发病早期及时增加新鲜饵料，如蚯蚓、蝇蛆、黄粉虫等。

十八、昏迷的防治

1. 病原病因

水温过高导致黄鳝发生此病。

2. 症状特征

养殖池里的水温很高，超过黄鳝的忍受程度，使黄鳝出现昏迷症状，严重时可导致死亡。

3. 流行特点

（1）此病多发于炎热季节，尤其是午后时分，以6～8月为主要发生季节。

（2）水泥池更易发生此病。

4. 危害情况

轻则影响黄鳝的生长，对黄鳝的性腺发育也会造成危害，严重的可导致黄鳝死亡。

5. 预防措施

（1）鳝池周围种植有棚架的瓜果类进行遮阴。

（2）池中保持一定量的水生植物。

（3）高温季节，严格控制水温在28℃以内，一般采用加水、换水等方法控制水温。每次加水、换水后还要用水温计测量水温是否达到要求。

6. 治疗方法

对此病的处理应以预防为主，发生此病时，先遮阴降温，再将鲜蚌肉切碎撒入池内，有一定疗效。

十九、缺氧症的防治

1. 病原病因

高温闷热季节里，由于气压低，养殖黄鳝的水体中溶解氧较少，当水体中溶氧量低于 2 毫克/升时，就会导致缺氧。另外，水面高温，黄鳝无法探头呼吸空气，造成机体呼吸功能紊乱，血液载氧能力剧减而致缺氧。

2. 症状特征

黄鳝频繁探头于洞外，甚至长时间不进洞穴，造成机体呼吸功能紊乱，头颈部发生痉挛性颤抖，一般 3～7 天后陆续死亡。

3. 流行特点

多发于高温天气。

4. 危害情况

影响黄鳝的生长发育，严重时可导致死亡。

5. 预防措施

（1）严格进行巡塘观察和测控管理，保持水体状态良好。

（2）高温季节时，要及时进行增氧、降温，预防疾病发生，坚持每天向鳝池注入适量新水，排出老水，以保持池水溶氧充足，预防浮头发生。

（3）加强鳝池的水质管理，力求确保鳝池"三保持"，即保持水透明度 25 厘米左右，保持池水有足够的溶氧量，保持池水"肥、嫩、爽、活"，从根本上避免缺氧浮头的成因。

（4）可在池周种藤蔓植物，如南瓜、黄瓜等，让藤蔓爬到池顶架上遮阳，以降低水温。如果无自然生态遮阳条件，应在鳝池顶上搭架，加盖稻草等遮阳。

（5）水面较大的鳝池一般都要安装增氧机，这是预防鳝池缺氧的有效措施。高温季节，可在凌晨开机 1～2 小时，增加水体溶氧量。

（6）利用植物净水增氧是养殖黄鳝特别是网箱养鳝的一项经济而有效的重要措施。方法就是在鳝池内种植适量的水葫芦、水花生等水生植物，这些植物通过光合作用，释放大量氧气，增加水中的溶氧量。

6. 治疗方法

（1）一旦发病，立即换水。

（2）捞出已麻痹瘫软的病鳝，以减轻载体负担。

（3）当有缺氧征兆时，应进行紧急救治，一般每亩水面平均水深1米，可用石膏粉3～4千克加明矾3～5千克化水，食盐10千克化水全池泼洒，利用化学反应释放氧气缓解鱼类浮头。也可用过氧化钙（含有效氧为22%）每亩水面平均水深1米施用3～5千克，施用时将过氧化钙搓成粉末撒入池水，药物入水后与水迅速反应生成氢氧化钙和氧气，氢氧化钙能增加水体钙质，提高水体 pH 值，使底质疏松透气，起到改善水质的作用；氧气直接迅速增加水中溶氧，解救鱼类浮头。

二十、梅花斑状病的防治

1. 病原病因

细菌侵入黄鳝的体表所致。

2. 症状特征

初期于伤口或弱鳝肛门附近等处出现小红斑，继而扩大成豆粒大小的圆形或椭圆形，严重时尾部全部烂掉，漂浮水面而死。

3. 流行特点

（1）此病在长江流域一带常发生。

（2）在7月中旬最常发生。

4. 危害情况

影响黄鳝的生长，一般不会导致黄鳝的死亡。只有病情严重时才会发生死亡。

5. 预防措施

饲养池内放养几只蟾蜍（俗称癞蛤蟆），可预防此病发生。

6. 治疗方法

可用1～2只蟾蜍（池面积大，可多用几只），将头皮剥开，用绳系好，在池内反复拖几次，1～2日后即可痊愈。

二十一、痉挛病的防治

1. 病原病因

主要是由于血液载氧力下降，引起脑供氧不足，导致脑缺氧和脑坏死。另外，鳝苗采集、捕捞、储养、运输等方式的不当，使高浓度的氨、硫化氢渗入血液造成中毒，也是黄鳝发生痉挛的主要原因之一。水体的 pH 值下降会引起黄鳝体液渗透压及 pH 值失衡，也是黄鳝发生痉挛的原因。

2. 症状特征

初始表现为停食，易受惊，用声响和振动刺激后，鳝苗会出现窜游和跳跃现象，并持续 15 分钟左右，趋于平静。2～3 天后鳝苗开始表现出弯曲症状，并且就地做打圈运动，同时肌肉极度紧张，头部与身体呈 90～120 度不可恢复性收缩，整个身体呈盘曲状，并伴随不自主的撕咬自身。5 天后鳝苗开始死亡，死亡后体色变浅。

3. 流行特点

痉挛症一般出现于收购的野生鳝苗放养后 7～10 天。

4. 危害情况

（1）从开始发病到死亡结束，时间大约 15～20 天。

（2）死亡率一般为 40%～90%。

5. 预防措施

（1）下雨季节，捕捉黄鳝的笼具不能长时间淹没在水里。

（2）直接从黄鳝捕捞户收购鳝苗，避免从商贩处、市场上收购。

（3）储存时不能密度过高，另外 pH 值要维持在合适的范围以内。

（4）储养鳝苗的水体要达到黄鳝重量的 5 倍以上，并且每 3 小时要换水一次。

（5）鳝苗收购后，进行药物驱虫浸泡，即可下池。

6. 治疗方法

鳝苗下池前，抗痉剂浸泡处理 4 小时。

二十二、青苔的防治

1. 病原病因

主要由于水位浅、水质瘦、光照直射塘底而导致青苔大量滋生。

2. 症状特征

青苔是一种丝状绿藻的总称，新萌发的青苔长成一缕缕绿色的细丝，矗立在水中，衰老的青苔成一团团乱丝，漂浮在水面上。青苔在池塘中生长速度很快，使池水急剧变瘦，对幼鳝活动和摄食都有不利影响；同时，培育池中青苔大量存在时，覆盖水表面，使底层幼鳝因缺氧窒息而死。

3. 流行特点

水温 14～22℃最流行。

4. 危害情况

（1）青苔大量繁殖，引起水质消瘦，使水草无法正常生长。

（2）青苔漂浮水面，遮盖阳光，水草的光合作用受阻，造成鳝塘缺氧。

5. 预防措施

（1）及时加深水位，同时及时追肥，调节好水色，减少光照直射塘底。

（2）定期追肥，使用生物高效肥水素，池塘保持一定的肥度，透明度保持在 30～40 厘米，以减弱青苔生长旺期必需的光照。

6. 治疗方法

（1）每立方米水体用生石膏粉 80 克，分三次均匀泼洒全池，每次间隔 3～4 天。如果幼鳝培育池中已出现较多的青苔，用药量再增加 20 克，施药后加注新水 5～10厘米，可提高防治能力。

（2）可分段用草木灰覆盖杀死青苔。

（3）在表面青苔密集的地方用漂白粉干撒，用量为每亩 0.65 千克，晚上用颗粒氧。如果发现死亡青苔全部清除，然后每亩泼洒 0.3 千克高锰酸钾。

二十三、鸟害

1. 病原病因

以吃鱼虾为主的鹭鸶、翠鸟等啄食黄鳝，尤其是鳝苗。

2. 症状特征

可以吃掉黄鳝。

3. 流行特点

一年四季均有，尤其是春、秋季更明显。

4. 危害情况

鸟类可以进入池捕食黄鳝，有时一天能吃好几尾幼鳝。

5. 预防措施

最好用旧网片盖住池子，或是采取其他保护措施，例如设置稻草人来吓唬鸟类。

生长期间，尤其是刚放鳝苗时和黄鳝繁殖季节，绝对不能够放鸭子入池捕食。

参 考 文 献

[1] 占家智，羊茜. 浅谈黄鳝的生活习性. 北京水产，1997，(3)：30.

[2] 占家智，羊茜. 黄鳝常见病的防治. 内陆水产，2001，(7)：41.

[3] 占家智，羊茜. 水产活饵料培育新技术. 北京：金盾出版社，2002.

[4] 徐兴川，王权. 黄鳝健康养殖实用新技术. 北京：中国农业出版社，2006.

[5] 徐在宽，徐明. 怎样办好家庭泥鳅鳝养殖场. 北京：科学技术文献出版社，2010.

[6] 北京市农林办公室等编. 北京地区淡水养殖实用技术. 北京：北京科学技术出版社，1992.

[7] 凌熙和. 淡水健康养殖技术手册. 北京：中国农业出版社，2001.

[8] 戈贤平. 淡水优质鱼类养殖大全. 北京：中国农业出版社，2004.

[9] 江苏省水产局. 新编淡水养殖实用技术问答. 北京：农业出版社，1992.

欢迎订阅农业水产类图书

书号	书　名	定价/元
18413	水产养殖看图治病丛书——黄鳝泥鳅疾病看图防治	29.00
18389	水产养殖看图治病丛书——观赏鱼疾病看图防治	35.00
18240	水产养殖看图治病丛书——常见淡水鱼疾病看图防治	35.00
18391	水产养殖看图治病丛书——常见虾蟹疾病看图防治	35.00
15561	水产致富技术丛书——福寿螺田螺高效养殖技术	21.00
15481	水产致富技术丛书——对虾高效养殖技术	21.00
15001	水产致富技术丛书——水蛭高效养殖技术	23.00
14982	水产致富技术丛书——经济蛙类高效养殖技术	21.00
14390	水产致富技术丛书——泥鳅高效养殖技术	23.00
14384	水产致富技术丛书——黄鳝高效养殖技术	23.00
13547	水产致富技术丛书——龟鳖高效养殖技术	19.80
13162	水产致富技术丛书——淡水鱼高效养殖技术	23.00
13163	水产致富技术丛书——小龙虾高效养殖技术	23.00
13138	水产致富技术丛书——河蟹高效养殖技术	18.00

如需以上图书的内容简介、详细目录以及更多的科技图书信息，请登录 www.cip.com.cn。

邮购地址：（100011）北京市东城区青年湖南街13号　化学工业出版社

服务电话：010-64518888，64519683（销售中心）

如要出版新著，请与编辑联系：010-64519351